全国高等教育"十四五"部委级规划教材

新形态教材

3D打印
技术与实践

原一高 田娇 **主编**

東華大學 出版社

·上海·

图书在版编目(CIP)数据

3D打印技术与实践 / 原一高, 田娇主编. -- 上海：东华大学出版社, 2025. 1. -- ISBN 978-7-5669-2399-8

Ⅰ. TB4

中国国家版本馆CIP数据核字第202459V4R1号

3D 打印技术与实践

3D DAYIN JISHU YU SHIJIAN

原一高　田　娇　主编

责任编辑 / 李　晔
装帧设计 / 静　斓
出版发行 / 东华大学出版社有限公司
　　　　　　地址：上海市延安西路1882号　邮编：200051
　　　　　　电话：021-62193056
　　　　　　网址：http://dhupress.dhu.edu.cn/
印　　刷 / 上海盛通时代印刷有限公司
开　　本 / 889毫米×1194毫米　1/16开
印　　张 / 13
字　　数 / 317千字
版　　次 / 2025年1月第1版
印　　次 / 2025年1月第1次印刷

ISBN　　978-7-5669-2399-8　　　　　　　　定价：88.00元

前 言

　　3D打印（3D printing）技术，亦称快速成型（Rapid Prototyping，RP）或增材制造（Additive Manufacturing，AM）技术，是一种高度融合信息技术、机械设计以及艺术等相关学科的先进成型技术，在航空航天、机械制造、生物医疗及文化创意等各个领域得到了广泛的应用，目前已成为我国高等工科院校"工程训练"课程中重要的教学内容。开展3D打印技术的实践教学，使学生充分了解3D打印技术的主要原理及其在实践过程中的应用，对于提高学生实践与创新能力，培养高层次创新型人才有重要的作用。

　　3D打印技术的成型工艺种类较多，如FDM、SLA、SLS/SLM、3DP等，且不断有新的成型工艺涌现。尽管这些成型工艺各异，但它们的技术原理具有共同点，即先在计算机上设计出结构模型，然后通过将粉末或液体，片状或丝状等离散材料逐层堆积，从而直接生成三维实体。因此，本教材从阐述3D打印技术的原理出发，通过介绍各种3D打印成型工艺的特点、应用领域，并重点介绍3D扫描、3D建模与数据处理、3D打印材料、后处理等技术，同时辅之以大量的工程实例，使学生深入了解3D打印技术的实际应用过程。最终，通过引导学生设计个性化产品并实际操作3D打印设备，学生得以充分掌握3D打印技术。

　　本教材的编写力求简明扼要，突出重点，注重阐述技术原理，同时讲求实用性，强调可操作性，且便于自学。本教材适合高等工科院校机械类、近机械类专业的"工程训练"课程教学使用。对于非机械类专业，教师可根据其专业特点、学时安排和后续课程需求，有针对性地选择部分内容或开设相关选修课组织教学。

　　本教材由东华大学工程训练中心教授、专家编写。编写人员包括原一高、田娇、闫红霞、赵旺初、李策等。本教材由上海大学胡庆夕教授主审，原一高、田娇担任主编。由于编者水平所限，书中难免存在不足之处，恳请读者批评指正。

目 录

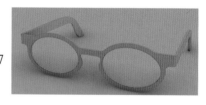

绪　论

第一章

1.1　3D打印技术概述

3D打印技术可使复杂抽象的模型从虚拟世界走向现实世界。当前,随着3D打印技术的发展,数学模型和自然规律得以从抽象的束缚中解放出来,以往无法实现的各种设计正逐步变为可能。设计师们利用数据和算法的结合,可以创造出各种二维和三维的形状与图案,并通过3D打印将其转化为实物。

3D打印(3D printing)技术,亦称快速成型(Rapid Prototyping, RP)或增材制造(Additive Manufacturing, AM)技术,是一种高度融合信息技术、机械设计以及艺术等相关学科的先进成型技术,在机械制造、产品设计等各个领域受到了广泛的关注与应用。3D打印以CAD模型为基础,利用热熔喷嘴、激光束等方式将金属粉末、陶瓷粉末、塑料、细胞组织、纳米材料等进行层层堆积、黏结或烧结,最终快速制造出所需的三维实体模型。从理论上讲,任何复杂的三维模型都可以通过3D打印技术制造出来,只是根据所使用设备种类和精度的不同,实际呈现的效果有所差异。

传统的大规模制造通常是一个减材制造的过程。首先,利用锻造、铸造、冲压等技术来制造毛坯;然后,对毛坯进行机械加工,如磨削、车削、铣削、钻孔、抛光等,以获得所需的零部件;最后,将这些零部件组装成最终产品。传统制造业往往更倾向于生产那些能够吸引大众并适合批量化生产的产品,即遵循"一种型号产品满足最多的消费者"的原则。一些采用传统制造工艺生产的产品,如汽车、飞机等,其零部件多采用模具成型。而模具的整个制造过程往往需要耗费几星期、几个月甚至更长的时间。在反复的试模过程中,不仅浪费了大量的时间和人力资源,而且还会导致更多的物力浪费。

相对于传统的机械加工方式,3D打印是一个增材制造的过程,是实体从无到有的过程。它能够直接生产出完整的作品,甚至是带有连锁移动部件的产品,如车轮、链条中的轴承或者活动连接件等。3D打印仅在需要的部位进行材料成型,并非从一大块原材料上分离出所需要的形状,因此材料成本将大大降低。同时,3D打印过程中无须机械加工或使用任何模具,也不需要夹具来固定,因此可以大大减少工序的数量。即使在生产过程中发现产品设计存在缺陷,也仅需要修改三维模型,之后再重新打印即可。而这个过程可能仅需要几天甚至几小时就可以完成,从而大大缩短了产品的制造周期。

总之,3D打印所耗费的成本大大低于传统制造方法,并可以帮助设计者快速地优化产品,从而极大地缩短产品的研发周期,提高生产效率,降低生产成本等。

3D打印技术自从问世以来就备受人们关注。作为第四次工业革命的代表之一,这项技术拥有无限潜能,应用范围不断扩大,从医疗到制造业,从艺术设计到航天领域都有所涉及。在这个数字化时代,3D打印技术正在改变我们的生活与工作方式。

3D打印技术能够用于生产人工心脏泵、珠宝收藏品、3D打印角膜、火箭发动机、桥梁等与医疗、航空、食品和建筑工业有关的产品,其非常重要的特点就是可以快速实现个性化定制、复杂化制造及促进可持续发展等。

个性化定制是指可以根据客户的不同需求,如外形、材料、设计甚至颜色,快速地把产品成型出来。例如,个性化定制的Phits 3D打印健康鞋垫。Phits鞋垫(图1-1)是一款基于3D打印技术的定制化鞋垫和矫形器,由Runners Service Lab的关联企业RS scan和比利时著名3D打印公司Materialise共同设计开发。尽管3D打印的鞋垫在设计方面本身就已经具有一定的优势,比如可以实现复杂的内部几何形状和轻型结构等,但是其最突出的特点还是定制化——采用先进的测量和扫描设备,能够为运动员充分发挥自己的潜能提供个性化服务。Phits鞋垫也可以为那些足部有伤病的客户进行量身定制,其系列的3D打印矫形器可以给那些需要绑着胫骨夹板的客户提供他们所需要的精确支撑。

图1-1 Phits 3D打印鞋垫

诺基亚公司于2013年发布了可3D打印的Lumia 820手机保护套的设计程序,该程序可供免费下载。用户可以根据"创意共享许可(Creative Commons Licensing)"模式对该设计进行修改,从而创建出更具个性化的手机保护套版本,如图1-2所示。

  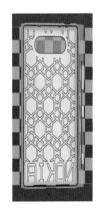 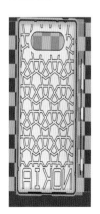

图1-2 3D打印手机保护套

　　3D打印的复杂性主要体现在它可以创造出在传统模具制品或铸造零件中无法实现的复杂内部结构,如蜂窝结构等。有些产品需要满足特定的强度、硬度及舒适性要求,但同时又追求轻便,如赛车框架、自行车座、鞋垫等。利用3D打印技术就可以建造出部分填充的内部空隙,从而生成坚硬、轻便及舒适的产品。以清锋科技公司(LuxCreo)打印的坐垫(图1-3)为例,该坐垫由上千个镂空晶格结构交错构成。不同区域的晶格具有不同的力学性能,软硬程度也不同,前后两端较软、中间较硬。这种设计在给坐骨提供更好支撑的同时也能分散压力。加之镂空晶格结构使坐垫拥有天然的透气功能,能够极大地缓解骑行过程中出汗的问题,非常适合夏天使用。

图1-3　清锋科技公司打印的坐垫

　　坐垫还采用了清锋科技公司自主研发的高弹性3D打印材料,这种材料具有良好的缓震作用,同时不会压迫局部区域的血液循环,也不会让骑行者因长久骑行而产生麻木或刺痛感,从而带来更舒适的骑行体验。此外,该材料还经过了100万次疲劳测试,能够长久保持高回弹特性,使坐垫的使用寿命更长。3D打印技术除了能给自行车坐垫带来颠覆性的使用感受外,还能让制造商在接到用户需求后做到"即产即售",从而减少库存和资金压力。而且,3D打印坐垫无须开模准备即可设计、生产,极大地方便了产品的优化和更新,缩短了新产品的迭代周期。

　　3D打印的可持续性主要体现在节约材料和节省燃料等方面。例如,对于飞机制造商而言,只要重新设计安全带锁扣,就能减轻飞机的重量,从而为每架飞机节省大量的航空燃料。如利用金属3D打印技术制造的钛合金航空安全带锁扣,与传统锁扣相比,重量减轻了50%以上。同时,3D打印过程不像传统加工那样要在坯料上进行分离以获得零件,从而避免产生大量废料,浪费资源。在现代社会中,大量的燃油和其他资源大多被用来运输产品,利用3D打印技术,可以实现模型的共享,减少产品运输环节,从而节约大量能源。

　　3D打印技术的整个工艺过程主要包括以下三个环节:3D打印前处理(借助计算机软件进行辅助设计)、3D打印(产品打印)、3D打印后处理(包括去支撑、打磨、抛光、上色等步骤),如图1-4所示。

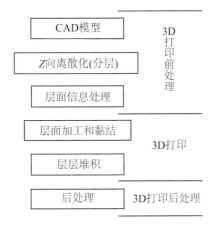

图1-4 3D打印的工艺过程

1.2 3D打印工艺分类及其应用领域

1.2.1 3D打印工艺分类

根据所用材料及层片加工方式的不同,3D打印技术产业不断拓展出新的技术路线和实现方法。总体上,这些技术可大致归纳为挤出成型、定向能量沉积技术、粉末床熔融技术、喷射式3D打印技术、层压制造、光聚合成型、复合成型技术等类型,每种类型又包括一种或多种具体的技术路线。

挤出成型主要代表为熔融沉积成型(FDM)技术。与其他3D打印技术相比,FDM是唯一使用工业级热塑料作为成型材料的层积制造方法。利用FDM技术打印出的产品可耐受一定的温度和腐蚀性化学物质,并具有抗菌性和一定的机械强度,因此可用于制造概念模型、功能原型,甚至直接用于制造零部件和生产工具。

粒状物料成型主要分为两类:

一类是通过激光或电子束有选择地在颗粒层中融化打印材料,而未融化的材料则作为物体的支撑结构,从而无须使用其他额外的支撑材料。这类技术主要包括:3D Systems公司的sPro系列3D打印机采用的选择性激光烧结(SLS)技术,德国EOS公司采用的可打印合金材质的直接金属激光烧结(DMLS)技术,瑞典ARCAM公司采用的高真空环境下电子束将融化金属粉末层层叠加的电子束熔炼(EBM)积层制造技术。

另一类是采用喷头式粉末成型打印技术。该技术能打印出全色彩的原型和具有弹性的部件,将蜡状物、热固性树脂和塑料混入粉末中一起进行打印,可进一步增加其强度。

光聚合成型的实现途径较多,主要包括立体光刻成型、数字光处理等。其中,立体光刻成型(SLA)技术具有成型过程自动化程度高、制作模型表面质量好、尺寸精度高等特点。然而,由于液态光敏聚合物的特性,SLA设备对工作环境的要求较为苛刻。

常见的3D打印工艺分类如表1-1所示。

表1-1 3D打印工艺分类

类型	累积技术	基本材料
挤出成型	熔融沉积成型(FDM)	热塑性塑料,共晶系金属、可食用材料等
定向能量沉积技术	电子束自由成型制造(EBF)	几乎任何合金
	直接金属激光烧结(DMLS)	几乎任何合金
	电子束熔化成型(EBM)	钛合金
粉末床熔融技术	选择性激光熔化成型(SLM)	钛合金,钴铬合金,不锈钢,铝
	选择性热烧结(SHS)	热塑性粉末
	选择性激光烧结(SLS)	热塑性塑料、金属粉末、陶瓷粉末
喷射式3D打印技术	三维粉末黏结(3DP)	陶瓷粉末、金属粉末、塑料粉末
	无模铸型制造技术(PCM)	铸造用树脂砂粒
	石膏3D打印(PP)	石膏
层压制造	分层实体制造(LOM)	纸、金属膜、塑料薄膜
光聚合成型	激光立体印刷(SLA)	光固化树脂
	数字光处理(DLP)	光固化树脂
复合成型技术	超音速激光沉积技术(SLD)	金刚石/Ni60、WC/Stellite等

1.2.2 3D打印的应用

3D打印技术的应用领域非常广泛,几乎涉及任何行业。其中,在航天和国防、生物及医学领域、制造业、建筑、文化创意等行业的需求尤其突出。

1.航天和国防领域的应用

航天和国防技术的发展,很大程度上受限于制造技术,这不仅体现在材料上,更体现在时间和成本上。除了创新目的外,国防和航空工业还将3D打印技术视为降低成本和提高效率的一种重要手段。例如,2014年9月底,NASA设计制造的首台成像望远镜,其所有元件几乎全部通过3D打印技术制造。这款太空望远镜功能齐全,其50.8 mm的摄像头使其能够放进立方体卫星(CubeSat,一款微型卫星)中。据介绍,这款太空望远镜的外管、外挡板及光学镜架全部作为单独的结构件直接3D打印而成,只有镜面和镜头尚未实现3D打印。这款望远镜全部由铝、钛合金制成,而且只需通过3D打印技术制造4个零件即可,与之相比,传统制造方法所需的零件数是3D打印的5~10倍。此外,在3D打印的望远镜中,还可将用来减少望远镜中杂散光的仪器挡板制成带有角度的式样,这是传统制造方法在一个零件中无法实现的。

2020年3月,国内民营液体火箭研制企业蓝箭航天自主研发的"朱雀二号"液体运载火箭系统中的"天鹊"10吨级液氧甲烷发动机(TQ-11)再次进行了长程试车。铂力特公司承担了"天鹊"发动机燃气发生器身部和燃烧室的金属3D打印服务。

燃气发生器身部和燃烧室均为蓝箭航天"天鹊"发动机中的关键零部件,这些零件内部结构复杂且对外形、流道的精度要求严格。燃烧室零件周身均分布有百余条细长流道,燃气发生器身部零件内部则有数十个冷却通道。零件的最小尺寸精度要求为 ±0.05 mm,使用传统的锻造、焊接等工艺加工无法达到这一技术要求。而金属3D打印技术可实现复杂结构一体化成型,大大缩短发动机的装配周期。此外,集成化设计还可以有效减少零组件的数量,提高发动机的使用和维护性能,也更容易进行零部件的批量化生产。

2020年5月5日,中国航天科技集团长征五号B运载火箭首飞取得圆满成功。与此同时,全3D打印芯级捆绑支座也顺利通过了飞行考核验证。捆绑支座是连接火箭芯级和助推器,用于传导助推器巨大推力的关键产品,在飞行时需承载200余吨的集中力。这是航天领域迄今为止,在集中力承载环境最"恶劣"的条件下应用的3D打印产品。

2020年5月8日,由中国航天科技集团空间技术研究院抓总研制的我国新一代载人飞船试验船返回舱,在东风着陆场预定区域成功着陆。该载人飞船返回舱的防热大底框架采用激光沉积3D打印制造技术。此次试验船飞行任务的圆满成功,实现了我国超大尺寸整体钛框架3D打印制造技术在航天领域的首次应用。

2015年6月22日,俄罗斯技术集团公司采用3D打印技术成功制造出一架无人机样机。这架无人机重3.8 kg,翼展2.4 m,飞行时速可达90~100 km,续航能力为1~1.5 h。据公司发言人介绍,该公司仅用了两个半月的时间就实现了从概念到原型机的飞跃,实际生产耗时仅为31 h,制造成本不到20万卢布(约合3 700美元)。

2014年8月31日,美国宇航局的工程师们完成了3D打印火箭喷射器的测试。这项研究的目的是提高火箭发动机某个组件的性能。由于喷射器内液态氧与气态氢的混合反应,燃烧温度大约3 315 ℃,可产生2万磅(约9吨)的推力。这一测试验证了3D打印技术在火箭发动机制造上的可行性。

2. 生物及医学领域的应用

在生物基础研究和医学临床应用方面,3D打印技术已经逐步应用于各个生物医学领域,包括器官模拟与病情分析、手术策划及组织打印、假体植入、药品等,此外它还可用于教学和培训等。传统的以患者为基础的培训方法存在局限,因为无法准确得知患者的病理情况,医学生们学到的内容较为有限,而且教师也难以对学习过程进行适当的控制。而利用3D打印技术,可以根据真实的患者成像数据打印出3D模型,模仿各种组织特性,从而更好地推动医疗领域的发展。在神经外科、口腔外科以及血管外科等疾病的诊断和术前评估方面,3D打印技术已经得到了广泛应用。将目标区域经过数据网格化处理后传到3D打印设备上进行打印,可直接获得相应的器官模型。这种疾病评估与术前诊断的方式可以帮助医务人员更加直观、清晰地看清实体器官的内部病理及结构,全面准确地了解发病机理和原因。甚至可以利用3D打印的器官模型进行手术模拟,为制定最佳手术方案提供依据,从而实现手术的精准化和个性化。这不仅大大缩短了手术周期,还节约了医疗成本,降低了手术风险。

随着医疗植入物从传统标准型大规模生产向患者匹配型及定制化植入物生产的转变,3D打印在医疗植入物制造行业中占据了重要地位。3D打印技术为批量生产患者匹配型与小规模定制化PEEK植入物生产带来了可行性。

2023年8月,美国首例应用3D打印的PEEK脊柱植入物手术成功。该手术采用了由Evonik-赢创的VESTAKEEP® i4 3DF PEEK长丝生物材料制成的脊柱植入物。该植入物由美国技术公司Curiteva开发,已获得美国食品和药物管理局FDA的批准,是美国第一个用于商业用途的3D打印、完全互连的多孔聚醚醚酮(PEEK)植入物。

2014年10月13日,纽约长老会医院的医生利用3D打印技术,在手术之前制作出患者心脏的模型,以便进行检查并确定手术方案。该名婴儿患者原本需要进行3~4次手术,而采用3D打印技术制作心脏模型的方法后仅需一次手术就够了。

2015年1月,在迈阿密儿童医院,心血管外科医生借助3D打印技术,通过建立小女孩心脏的完全复制3D模型,成功地制定出了一个复杂的矫正手术方案,使患有“完全型肺静脉畸形引流”疾病的4岁女孩得到救治。

2015年7月8日,日本筑波大学的科研团队研发出一种利用3D打印技术制作可以看清血管等内部结构的肝脏立体模型的方法。

2017年7月,瑞士联邦理工学院团队运用3D打印技术制作出了世界上第一个软体人工心脏。

在假体制作方面,3D打印技术表现出了极大的优势,尤其是在定制化、个性化方面。在个性化植入物如颅骨修复、颈椎人工椎体及人工关节等,及常规植入物如关节柄的表面修饰、种植牙、补片等方面已得到广泛的应用。2014年8月,北京大学研究团队为一名

12岁男孩成功植入3D打印脊椎。这种植入的3D打印脊椎可以很好地与周围原有的骨骼相结合,并不需要太多的"锚定",而且研究人员还在上面设立了微孔洞,帮助骨骼在合金之间生长,使得3D打印脊椎与原脊柱牢牢地生长在一起,保证未来不会发生松动现象,因而大大缩短了病人的康复周期。除此之外,2014年10月,英国医生和科学家使用3D打印技术为苏格兰一名5岁女童装上手掌(图1-5);波兰兽医专业的学生利用3D打印技术创建了功能性假肢来帮助受伤的小狗重新行走(图1-6)。

图1-5　3D打印的假肢　　　　　　　　　　　图1-6　3D打印的功能性假肢

　　在制药方面,3D打印技术在近几年也得到了应用。通过3D打印制药生产出来的药片内部有着丰富的孔洞,具有极高的内表面积,使得药片能在短时间内迅速被少量的水融化,给那些具有吞咽性障碍的患者带来了福音。事实上,3D打印制药最重要的突破是它能进一步实现为病人量身定做药品的梦想。南京三迭纪医药科技有限公司使用MED 3D打印技术,利用数字化来改造制药行业,通过设计药片内部的三维结构,使得程序化精准控制药物释放成为了可能。图1-7展示的是该公司自主设计开发的具有全球知识产权的3D打印药物(T19)。

图1-7　3D打印药物

　　T19是针对类风湿性关节炎症状的昼夜节律进行设计的药物。患者睡前服用T19后,血液中的药物浓度会在疼痛、关节僵硬及功能障碍等疾病症状最严重的早晨达到峰值,并维持其日间血药浓度,从而取得最佳的药物治疗效果。之后,该公司的改良新药产品T20获得了美国FDA批准,成为全球第三款进入注册申报阶段的3D打印药物产品。T20通过精心设计药片的内部三维结构,实现了程序化精准控制药物释放,能够使药物在预定时间以正确的药量递送到人体适当的胃肠道部位,特别有利于低溶解度和低渗透性的药物在胃肠道内的有效吸收。

3. 制造业的应用

传统的大规模制造过程是通过锻造、冲压和浇注原材料来制作坯料,随后对坯料进行一系列机械加工,如打磨、加工、钻孔、抛光、挤压等,以获得所需的零件部件,并组装成最终产品。然而,这种生产方式存在生产效率低、成本高的问题。相比之下,利用3D打印技术可以显著地缩短产品的制作周期,节约成本。如某航空公司发现客舱座位指示牌有误需要修改,但供应商告知至少需要120天的周期,但该航空公司采用3D打印技术,仅用一个晚上就解决了这个问题,成本也从之前的1 000美元降低到了30元人民币。

3D打印技术可以满足客户的多元化需求,这也是"工业4.0"非常重要的一部分。3D打印不需要模具就能进行零件的加工制造,省去了模具制造、开模、试模的一系列过程。同时,它无须考虑零件批量大小,特别适合产品开发和小批量生产。尤其是对于图1-8中的异形零件的制造,3D打印技术可极大地满足个性化需求。3D打印技术契合了"工业4.0"的制造智能化、资源效率化和产品人性化的理念,目前已成为国内外发展的重点。

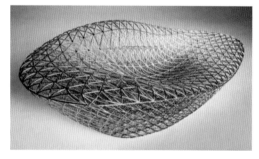

图1-8 3D打印金属产品

例如,在美国芝加哥国际制造技术展览会上亮相的世界上第一款采用3D打印零部件制造的电动汽车——Strati,整个制造过程仅用时44 h,由美国亚利桑那州的Local Motors汽车公司打造。

Strati的车身由3D打印机一体打印成型,由212层碳纤维增强热塑性塑料制成。相较于传统汽车拥有的20 000多个零件,Strati整车只有40个零部件,设计十分简洁。除了动力传动系统、悬架、电池、轮胎、车轮、线路、电动马达和挡风玻璃外,包括底盘、仪表板、座椅和车身在内的其余部件均由3D打印机打印而成,所用材料为碳纤维增强热塑性塑料。如图1-9所示。

图1-9　Strati3D打印汽车

4.建筑领域的应用

3D打印技术在建筑领域的应用主要集中于建筑模型和实体建筑两个方面。在设计和展示环节,建筑模型对于设计师和客户能够直观地了解拟议项目的完整可视化版本至关重要。过去建筑模型的制作方法,已难以满足现有高层建筑设计内容的需求。应用3D打印技术可以减少建筑材料和设计所需的时间,达到降低成本、保护环境、创造逼真效果的目的,并且节省时间,非常符合设计师的需求。目前,许多大型场馆和设施都是以3D打印技术为主体进行设计的,初始模型能够准确地反映建筑物的效果和相关的测量方法。3D打印技术在建筑设计中的应用,不仅满足了人们对建筑设计的需求,而且有效地展现了建筑本身的价值,此外它还可以对建筑进行整体分析,具有良好的经济效益。随着建筑设计的日益复杂,3D打印技术正在取代传统的费时费力的造型制作技术,成为建筑师不可缺少的工具。

传统的建筑建造过程速度慢、成本高,且施工危险、劳动强度大。随着技术的不断改进,目前,3D打印技术已经可以"打印"方形、环形、圆形以及不规则形状的房屋部件,甚至能"打印"出整栋房屋。在国内,目前采用的3D打印建筑原料主要是建筑垃圾、矿山尾矿及工业垃圾,其他材料主要是水泥、钢筋以及特殊的助剂。房屋是在工厂内以楼层为单位打印好,切割后再运到现场进行拼装,楼板则是在现场进行混凝土浇筑和施工。展望未来,只需把建筑3D打印机运到施工现场,就可以打印出整幢楼房,甚至是一二百米高的高层建筑。

在建筑业中引入3D打印技术是一次巨大的改革创新。今后,住户不仅可以定制家居,还可以定制个性化的房屋,并打印出多种特殊结构的构件,实现一套房对应一张设计图。小区内的房屋建筑在整体保持风格协调的基础上,将不再千篇一律,而是呈现出多样化的面貌。

根据市场研究机构Emergen Research的最新报告,2022年全球3D打印建筑市场的规模已达到24亿美元,且预计将以86.8%的高速复合年增长率快速发展。例如,美国的ICON、Apis Cor,丹麦的COBOD,中国的Winsun(盈创),以及美国的Mighty Buildings等建筑3D打印公司都发展迅速。

ICON公司成立于2017年底,总部位于得克萨斯州。该公司在奥斯汀的100套3D打印住宅社区项目于2022年开工,目前还在建设中。2023年3月,ICON与酒店业专家Liz Lambert及BIG合作,正在重建El Cosmico露营酒店(图1-10)。除了社会住房、救灾住房和大型住宅项目之外,ICON还在积极研究和开发天基建筑系统,以支持NASA计划中的月球及其他地区探索任务。

Apis Cor是一家美国建筑技术公司,成立于2014年,总部位于佛罗里达州墨尔本。该公司致力于开发专有的机器人技术和材料,以推动建筑行业发展。由Apis Cor研发的Frank机器人3D打印机体积小巧、便于移动且操作简单。它能够打印最高两层、面积无限制的建筑,且无须额外组装。结合用于混合和泵送的装置"Gary"以及3D打印材料输送系统"Mary",这套完整的建筑系统能够在抵达施工现场后,仅需几分钟即可开始工作。2019年,Apis Cor为迪拜市政府建造了一座两层的行政大楼,整个过程只需三名工人和一台打印机。这座大楼高9.5 m,共有两层,总建筑面积达到640 m²,成为目前世界上最大的3D打印建筑之一。如图1-11所示。

图1-10　3D打印El Cosmico露营酒店

图1-11　3D打印迪拜市政府大楼

COBOD是一家总部位于丹麦的公司,成立于2017年。COBOD致力于设计和开发3D打印机系统。2023年2月,COBOD与14Trees在肯尼亚的3D打印项目取得了显著进展,他们在10周内用一台打印机完成了10栋房屋的3D打印工作(图1-12)。这些房屋属于Mvule Gardens社区,而该项目的整体计划是建造52栋3D打印房屋。

图1-12　3D打印的Mvule Gardens社区房屋

　　盈创建筑科技(上海)有限公司成立于2003年7月24日,是全球较早真正实现3D打印建筑的高新技术企业。2016年8月,迪拜的3D打印"未来办公室"(图1-13)完成竣工。该项目由美国知名建筑设计规划公司Gensler、Thornton Tomasetti和Syska Hennessy共同设计,由盈创公司进行3D打印,通过海运运输到现场,并在现场完成安装。该建筑作为世界首个3D打印商用建筑,于2020年2月21日,被列入"吉尼斯世界纪录"。

图1-13　迪拜的3D打印"未来办公室"

　　Mighty Buildings是一家成立于2017年的3D打印建筑公司,总部设在美国加利福尼亚州奥克兰。该公司因利用3D打印技术建造功能性住宅(ADU)和"小房子"而知名。2022年10月14日,Mighty Buildings在美国加州完成了首个3D打印的零净能源住宅的交付,这是南加州3D打印社区的第一座房子(图1-14)。该建筑由3D打印预制板组装而成,包括两间卧室和两间浴室,能够实现能源的自给自足。

图1-14　3D打印的零净能源住宅

5. 文化创意领域的应用

　　3D打印应用于文化创意产业的意义主要体现在以下三个方面:第一,该技术能够为独一无二的文物和艺术品建立一个真实、准确、完整的三维数字档案,利用3D打印技术,可以随时随地并且高保真地将数字模型再现为实物。第二,3D打印技术取代了传统的手工制作工艺,在作品精细度和制造效率方面有了极大的改善和提高。对于有实物样板的作品,3D打印在编辑、放大、缩小、原样复制等方面能够更加直接、准确、高效地实现小批量的生产,从而促进文化的传播和交流。第三,该技术带来了大量的跨界整合和创造的机会,尤其是给艺术家们带来了更为广阔的创作空间。在文物和高端艺术品的复制、修复和衍生品开发方面,3D打印的作用非常明显。

　　随着科技的进步和互联网的日益普及,3D打印技术将越来越成为DIY制作过程的工具,使得几乎人人都可以是设计师兼制造者,制造者与消费者之间的界限将会变得愈加模糊。3D打印技术可以赋予每个人以制造的能力,释放人们的创新冲动,以满足个性化的设计思维与表达需求,真正做到全民创意与全民创造,促使文化创意产品的创意设计表达呈现更加多元化、大众化、自由化的特征。

艺术赋予人们无限想象的空间,艺术构想源于生活,一件有灵魂的艺术作品是设计师对生活的理解和沉淀。艺术创造是还原艺术构想的能力,传统方法是依靠艺术家和手工师傅对作品的透析能力去还原作品的设计灵魂,但制作时间长且可修复性低。随着3D打印技术的出现以及被广泛应用,传统工艺无法实现的极致曲线面的艺术构造成为可能,一大批优秀的设计师得以将一件件极具艺术美感的设计作品精确、形象地展现于观众的视野。例如,国内女设计师宋波纹将数字技术与3D打印完美融合,设计制作的一套家居作品"波纹十二水灯"(图1-15)让行业大为惊艳。图1-16是该设计师采用3D打印技术为联泰科技公司设计制作的企业形象雕塑"一隙之光"。

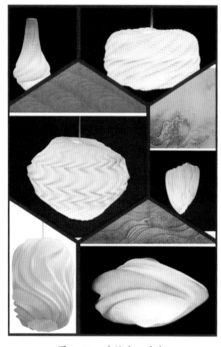

图1-15 波纹十二水灯

图1-16 一隙之光

3D打印重新定义了创意设计,无论是在工业领域、艺术领域还是在文物修复及保护中,它都代表了一种革命性的进步。例如,在文物修复方面,我们印象很深刻的就是在看电影《十二生肖》时,成龙双手戴着一副白手套扫过兽首,就把兽首的数据扫描进了电脑,与此同时,他的伙伴通过一台神奇的机器,瞬间就把一模一样的兽首制作出来。当时看的时候感觉非常梦幻,虽然有些夸张,但其运用的就是三维数字化和3D打印技术。美国德雷塞尔大学的研究人员通过对化石进行3D扫描,利用3D打印技术制作了化石3D模型,不仅保留了原化石所有的外在特征,而且还进行了比例缩减,更适合于科学研究。世界各大博物馆也常常用3D打印技术制作文物复制品,以保护原始文物或作品不受环境或意外事件的伤害,同时将艺术或文物的影响传递给更多更远的人。

在服装领域，3D打印可以打印一双符合个人脚型的独一无二的鞋子，打印无缝的合身的衣服，打印玩具、装饰品等。如家居巨头宜家开展定制服务，推出了一个名为FLAMTRÄD的3D打印装饰品系列产品，如图1-17所示。

裕克施乐（OECHSLER）公司选择3D打印技术，并采用巴斯夫公司的超高性能打印材料（TPU01），成功开发了新一代高性能户外背包（图1-18）。该背包的背垫采用3D打印的晶格结构设计，取代传统泡沫基背部缓冲垫，既减少了接触压力，又显著改善了背部的通风性，从而带来极为舒适的背负体验。同时，这款背包通体采用同一种材料（TPU）制成，在产品生命周期结束后，材料可实现完全回收。除此之外，3D打印技

图1-17　宜家FLAMTRÄD系列

术还将可持续性与时尚完美融合。例如，清锋科技公司借助3D打印技术制作了一双拖鞋（图1-19）；荷兰时装设计师设计制作了世界上第一件由可可豆壳制成的高级定制3D打印礼服（图1-20）。

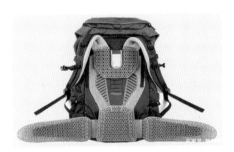

图1-18　采用3D打印技术的徒步背包

图1-19　3D打印拖鞋

图1-20　3D打印礼服

6.食品行业的应用

3D打印技术在食品开发中的应用可分为三类：定制化食品、创意食品和混合食品，

以满足人们对食品个性化、创新性和营养多样性的需求。目前最常见的食品3D打印技术主要有热熔挤出法、选择性激光烧结、黏着剂喷胶成型技术和喷墨食品打印。食品3D打印对众多食品的生产有实质性影响，使食品设计师或消费者能够对食品形式和材料进行个性化处理，创造全新的饮食体验。目前常用于食品3D打印材料的有巧克力、蛋糕、奶油、糖等。如图1-21、图1-22为食品3D打印过程。

图1-21　在Foodini机器上3D打印食物　　　　图1-22　宜家3D打印肉丸

1.3　3D打印技术的现状与发展

3D打印技术出现在20世纪80年代中期，传统制造业中存在的复杂结构零件制造难度高、开模费用大、效率低、制造时间长等制约因素，催生了3D打印技术。3D打印在快速性、数字化、三维模型的可实现性、个性化等方面的明显优势进一步加快了该项技术的推广与应用。经过40余年的发展，目前，美国和欧洲在3D打印技术的研发及推广应用方面处于领先地位，其中美国、以色列、德国在全球3D打印产业中位居领先地位，日本、中国、澳大利亚等国家紧随其后。全球3D打印产业规模分布如图1-23所示。近十年来，中国3D打印技术发展非常迅速，自主研发了众多3D打印的硬件、软件，取得了突出成果。北京太尔时代、深圳创想三维、杭州先临科技、上海联泰、西安铂力特等公司生产的各类3D打印设备已在国内各行业获得广泛的应用。

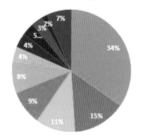

图1-23　3D打印产业规模分布图

3D打印技术涉及的领域非常广泛,包括机械汽车、航空航天、生物医疗、工业、教育、建筑等,在各个领域的应用情况如图1-24所示。

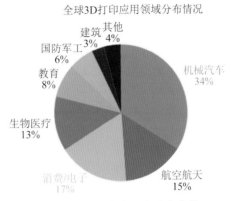

图1-24 3D打印各个领域的分布情况

据Wholers数据,3D打印自诞生以来,该领域包括设备、材料和服务在内的全球收入平均年增长率为26.1%。尽管受新冠肺炎疫情影响,2022年3D打印市场发展有所放缓,但仍保持了正向增长,这表明该行业具有巨大的未开发潜力。从技术角度来看,3D打印经历了产品新颖但质量不佳,专攻研发与技术改进的"负盈利"导入期。目前,部分技术已较为成熟,销量开始攀升,市场份额不断扩大,竞争者不断涌入,符合成长期的特征。预计未来还将有一段较长的成长期,最终过渡到成熟期,达到最高的产值和利润总量。

1.3.1 3D打印技术国外研究现状

国外发展3D打印技术相对较早,随着3D打印的相关专利到期,3D打印技术的发展有了更为广阔的平台。20世纪80年代提出的FDM打印技术距今已有40年的历史。放眼当今世界,3D打印市场仍旧是老牌的工业强国,如美国、德国、日本等占据主导地位。其中,FDM技术是整个3D打印行业采用的最为普遍的方案。美国占据着全球近38%的市场份额,高端3D制造领域基本都由欧美国家掌控。目前,国外涌现出了许多顶尖的3D打印公司,如美国的3D Systems、Stratasys、Exone、Freedom Of Creation,德国的Voxeljet、EOS、ConceptLasers,以及瑞士的ArcamAB等。3D Systems公司主营设备制造,技术服务以及耗材研发,其设备领域涵盖从桌面级家用3D打印设备到航空航天、汽车制造、建筑设计行业等工业级别的设备研发,产品包括2020年最新款的DMP Factory 500 Solution、Flex350、Factory 350、Figure 4系列。3D Systems公司拥有成熟的金属增材制造技术,能够以较低的总运营成本实现统一的、可重复的部件质量和金属3D打印领域的超高生产率。美国的Stratasys公司与3D Systems类似,主要面向工业级FDM打印领域,在并购了Makerbot和以色列Objet公司之后,在FDM领域大放异彩。相比较而言,Exone规模相对较小,但主线产品均为工业级FDM-3D打印设备,并且在金属打印领域占据着可观的市场,其最新款S-Max Pro™作为最新一代的工业3D打印产品,以其速度、可靠性和精度令人印象深刻。

1.3.2　3D打印技术国内研究现状

在3D打印的政策支持方面,我国提出了《国家增材制造产业发展推进计划》,重点提出要形成较为完善的产业标准体系。国内3D打印行业起步相对较晚,在20世纪90年代初才着手发展。我国最早的3D打印技术是由清华大学、华中科技大学等高校为首的科研院所带头发展起来的。随着3D打印技术的不断进步和趋于完善,其主要承担的角色已经不仅仅停留在高校的科研院所,其发展的群体已经扩展到各大中小微企业。其中,极光尔沃、创想三维等公司已成为世界知名的3D打印整机生产商。市场的巨大需求推动了产品的迭代更新,国内的3D打印行业逐渐形成百花齐放的繁荣格局。如图1-25(a)所示为极光尔沃A9型FDM打印机,能够实现打印精度200±0.2 mm,成型尺寸500 mm×400 mm×600 mm;如图1-25(b)所示为创想三维CR-3040 Pro大尺寸FDM-3D打印系统,成型尺寸可达300 mm×300 mm×400 mm。主流FDM机型采用加工性能好的高强度铝型材框架结构设计,在不影响使用的前提下,大大降低了产品制造成本,是国内具有代表性的FDM-3D打印一体成型系统,已经成功进入欧美等海外市场。

图1-25(a)　极光尔沃A9

图1-25(b)　创想三维CR-3040 Pro

3D打印技术在快速发展的同时也面临着众多挑战和限制因素。

1. 材料的限制

虽然高端工业3D打印已经能够打印塑料、某些金属或者陶瓷,但这些打印的材料通常都比较昂贵和稀缺。另外,3D打印机也还没有达到高度成熟的水平,无法支持日常生活中的各种材料。尽管研究者们在多材料打印上已经取得了一定的进展,但除非这些进展达到成熟并有效应用,否则材料依然会是3D打印的一大障碍。

2. 机器的限制

3D打印技术在重建物体的几何形状和功能上已经达到了一定的水平,几乎任何静态的形状都可以被打印出来,但是运动物体及其清晰度的打印仍然难以实现。这个困难对于制造商来说也许是可以解决的,但是如果3D打印技术想要进入普通家庭,让每个人都能随意打印想要的东西,那么机器的限制就必须得到解决。

3. 知识产权的忧虑

在过去的几十年里,随着科技的发展,音乐、电影和电视产业对知识产权的关注日益增加。如今,3D打印技术也带来了类似的问题,因为现实中的很多东西都可能通过3D打印被更容易地复制和传播。如何制定3D打印的法律法规以保护知识产权,也是亟待解决的问题之一,否则就会出现知识产权被滥用的现象。

4. 社会风险成本

每种技术都有其利弊两方面,3D打印技术也不例外。如果任何物体都能被轻易且精确地复制,人们能够随心所欲地制造所需之物,那么我们要如何界定这些新事物所带来的社会风险呢?比如,有人利用3D打印技术打印出生物器官和活体组织,甚至枪支等,这在将来可能会引发极大的风险与挑战。

5. 整个行业没有明确的标准,难以形成产业链

21世纪,3D打印机生产商呈现出百花齐放的态势,但3D打印机领域却缺乏统一的标准。同一个模型用不同的打印机打印,所得的成型效果大不相同。3D打印的材料也是丰富多样的,但同样存在着标准不一的问题。对于同一种材料,不同生产商提供的材料在使用性能上往往存在明显差异。

6. 花费的承担

3D打印技术所需的花费是高昂的,因为3D打印机的售价较高。如果想要普及大众,降价是必然的,但这又与成本控制存在冲突。

7. 缺乏不可替代性产品

3D打印技术虽然拥有很高的创作自由度,能生产前所未有的创新产品,但迄今为止仍未出现具有"杀手锏"级别的应用产品,因此仍然不适合大规模生产,无法取代传统的生产方式。如果3D打印能生产其他工艺不能生产的产品,并且这个产品在某方面又能显著提升某些性能,或者极大地改善当前状况等,那么或许3D打印能更快地发展和普及。

每一种新技术诞生初期都会面临着类似的挑战,但我们相信,只要找到合理的解决方案,3D打印技术的发展必将更加迅猛。就如同任何渲染软件一样,通过不断的更新与迭代才能达到最终的完善。

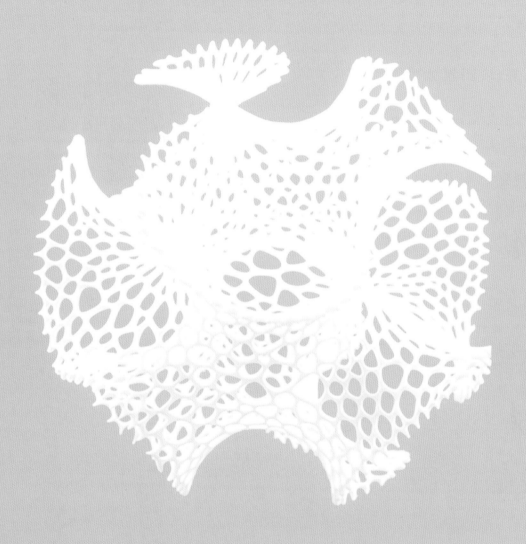

第二章 · 3D打印的原理及工艺

　　目前,3D打印技术主要有材料挤出3D打印技术、光固化成型技术、喷射式3D打印技术、黏合剂喷射技术、粉末熔融技术、定向能量沉积技术、叠层实体制造技术、复合成型技术等。本章将介绍3D打印的基本原理及工作流程,并对主流成型工艺的工艺特点、打印材料及技术成本进行详细的对比分析,目的是使学生在了解3D打印基本原理及工作流程的基础上,能够合理选择3D打印的成型工艺。

2.1　3D打印基本原理

　　3D打印是一种以3D设计模型为基础,运用不同的打印技术和方式,使用特定的材料,通过层层堆叠的方式来制造三维物理实体的技术。简单来讲,3D打印与普通打印的工作原理基本相同,只是打印材料有所不同。

　　3D打印原理如图2-1所示。

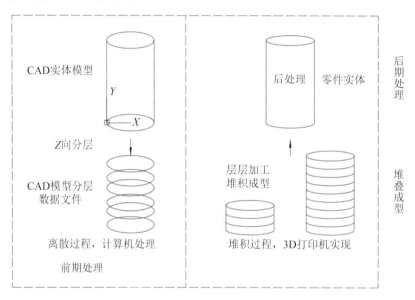

图2-1　3D打印原理

2.2　3D打印工艺流程

　　3D打印工艺流程包括数据前处理、打印成型和后处理三个模块。其中,数据前处理部分包括三维模型建模、模型编辑、支撑设置及模型Z向离散化处理(切片)。建模主要通过三维造型软件进行设计建模,以及对实物进行三维扫描获得三维点云数据,这两种方式获得数字化的三维模型。目前,STL模型文件格式是较多使用的三维数字模型的导入格式。由于3D打印采用的是单向、逐层加工方式进行打印,为保证打印的可实现性,需要对模型进行可打印处理,即添加合适的支撑结构,以保证成型质量。大部分3D打印机能自动添加支撑,也可借助软件(如 Materialise Magics 等)人工进行支撑添加。模型 Z 向离散化处理主要涉及层厚参数设置,对模型进行切片处理,生成打印机使用的文件,然后传输到3D打印机设备中进行打印处理。层厚越大,则精度越低,成型时间越短;反之,层厚越小,则精度越高,成型时间越长。3D打印机打印成型的产品,从设备取出后要进行相应的后处理。后处理主要包括去除支撑、打磨、抛光、上色等过程,以实现成型质量的优化,最终获得成型作品。去除支撑的方式多种多样,如手动剥离、水溶解、加热熔化、化学制剂溶解等,可根据不同材料特性选用最合适的去除方式。

3D打印的具体工艺过程如图2-2所示。

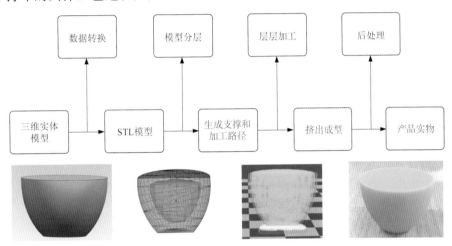

图2-2　3D打印的具体工艺过程

2.3　3D打印成型工艺及其特点

2.3.1　材料挤出3D打印技术

材料挤出3D打印技术是一种将材料从喷嘴挤出并选择性沉积的增材制造技术。该技术出现较早,且目前应用最为广泛,具有许多其他技术无法比拟的优点:

①打印成本低。设备造价低且维护费用低;对打印环境要求不高,无粉尘、噪声等污染,无须专用场地;成型材料要求比较低,原料价格相对低廉。

②适用材料种类多,性能佳。材料挤出技术不仅适用于丙烯腈-丁二烯-苯乙烯(ABS)、聚碳酸酯(PC)、聚乳酸(PLA)、热塑性聚氨酯(TPU)等高分子材料,也适用于无机非金属材料(陶瓷、水泥、玻璃等)、金属合金材料、生物材料、食品以及由上述材料组成的复合材料等。

③操作简单方便。技术原理简单,打印过程易于操作,并且支撑去除简单,无须化

学清洗,分离容易。可采用水溶性支撑材料等方法,使得后处理工序变得简单。

④ 用途广泛。该技术广泛应用于文创、教育教学、工业设计、汽车制造、生物医疗、建筑、食品加工等各个领域,可以成型任意复杂程度的零件。

⑤ 原材料利用率高,且材料寿命长。打印材料以卷的形式提供,易于搬运和快速更换。

然而,该技术也存在一些缺点,主要包括成型精度较低,成型件表面有明显的条纹,产品表面台阶效应比较明显(图2-3);需要设计与制作支撑结构;成型速度相对较慢,成型时间较长。

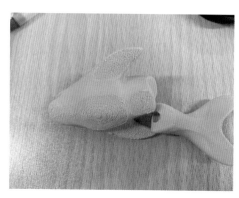

图2-3　材料挤出3D打印成型缺陷

由于适用材料的种类多以及材料挤出的实现方式多样,因此材料挤出3D打印工艺呈现出多种多样的特点。其中,代表性工艺是1989年美国学者Scott Crump发明的熔融沉积成型(Fused Deposition Modeling,FDM)。Scott Crump创立的Stratasys公司于1992年推出了世界上第一台基于FDM技术的3D打印机——3D Modeler,标志着以FDM为代表的材料挤出3D打印技术步入商用阶段。

熔融沉积成型技术在桌面级3D打印机中应用较为广泛。热塑性塑料、共晶系金属、可食用材料等都适用此技术。熔融沉积成型技术是挤出成型的主要代表,该类工艺主要打印常温下为固态、加热时具有一定流动性的材料,如塑料、蜡等高分子材料、金属材料、玻璃材料、复合材料以及巧克力等食品。

材料挤出技术适用材料体系最多,高分子材料、无机非金属材料、金属材料以及复合材料皆可采用该种工艺进行成型。其所采用的材料状态也多种多样,线材、颗粒料、膏体等均适用。3D打印对材料性能的基本要求是其有利于快速、精确地加工原型零件,快速成型制件的精度应控制在可接受的误差范围内,并应尽量满足对强度、刚度、耐潮湿性、热稳定性等的要求,同时要有利于后续工艺处理,以保证成型质量。在此基础上,要求材料挤出过程要具有稳定性、可控性、高效性:

① 材料能够在恒温下连续稳定地被挤出;

② 材料挤出应具有良好的开关响应特性,以保证成型精度;

③ 材料挤出应有足够的速度,以保证成型效率。

以上工艺要求对材料提出了如下性能要求:

① 材料黏度。适宜的熔融材料黏度可赋予材料较好的加工流动性,有助于顺利挤

出成型。

② 材料的熔融加工温度。对于FDM打印工艺,在保证材料达到最终成型产品使用所要求的耐热性前提下,选择较低的熔融温度,不仅可以使材料在较低的温度下挤出成型,延长挤出喷头和整个设备的使用寿命,而且可减少由于较高挤出温度导致的材料中部分小分子的分解挥发,减少有害物质的产生。同时,较低的熔融温度还能够减少材料挤出成型前后温度的差异,有利于减少由于冷却收缩而产生的热应力积累,从而减少制品的缺陷。

③ 材料机械性能。对于FDM打印工艺,材料一般是以稳定丝径(1.5 mm/3.0 mm)的方式进料,这就要求进料丝应具备一定的拉伸强度、弯曲强度以及韧性,以避免料丝在成型过程中出现断丝现象。

④ 材料的黏结性。由于3D打印工艺是逐层堆积成型,层层材料之间需要具有一定的黏结性能,以保证成型零件的强度,减少层间断裂现象。

⑤ 材料的收缩率。材料的收缩率对成型零件的精度有极大的影响。制品材料和支撑材料,原则上收缩率应越小越好,以减少制品翘曲变形和熔接不良现象的发生。

⑥ 材料的模量。熔融材料挤出成型后,较高的模量保证了材料在打印层数较低时能够有较好的弯曲强度,从而减少因热应力过大而产生的翘曲现象。

熔融沉积成型技术的成型原理如下:

熔融沉积成型技术是将丝状的热塑性材料加热至熔融状态,同时,三维喷头在计算机的控制下,根据截面轮廓信息,将材料选择性地涂敷在工作台上,冷却后形成模型,如图2-4所示。其成型原理为喷头通过控制系统在XOY平面内移动,打印平台在Z轴方向上下移动。设备在各轴向上设置有限位装置。原材料为实心丝材,缠绕在供料辊上,由电机驱动辊子旋转。依靠辊子与丝材之间的摩擦力,丝材被送向喷头的出口。在供料辊与喷头之间有一个导向套,该导向套采用低摩擦材料制成,以便丝材能顺利、准确地由供料辊输送到喷头的内腔。喷头前端装有电阻丝式加热器,丝材在其作用下被加热至熔融状态。喷头根据计算机系统的控制,沿零件截面轮廓和填充轨迹运动,然后,半熔融状态下的材料按软件分层数据控制的路径挤出并沉积在可移动平台上凝固,并与周围的材料黏结,层层堆积成型。在堆积的过程中,热熔性材料的温度始终稍高于熔点温度(比熔点高1 ℃左右),而已成型部分的温度则稍低于熔点温度。如此可保证热熔性材料被挤出喷嘴后,能与前一层面熔结在一起。

采用FDM技术制造原型时,制造过程中需要同时制作支撑部分。支撑材料有多种选择,有些设备成型部分和支撑部分使用同一种材料,有的选择可溶性材料作为支撑材料,还有的选择低于模型材料熔点的热熔性材料等。为了节省材料成本和提高沉积效率,新型FDM设备通常采用双喷头结构,一个喷头用于沉积模型材料,另一个喷头用于沉积支撑材料。双喷头成型结构可以更灵活地选择具有特殊性能的支撑材料,便于后处理过程中支撑材料的去除。如图2-5所示。

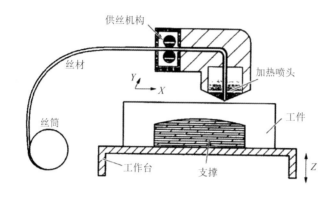

图2-4 FDM成型原理图

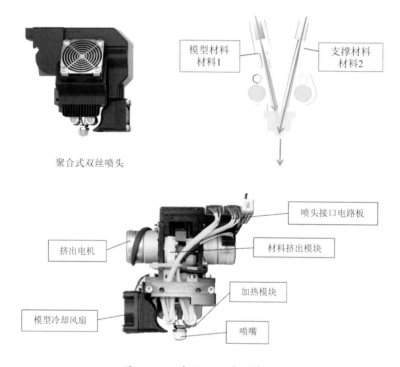

图2-5 双喷头FDM成型装置

熔融沉积成型工艺具有如下优点:

① 利用FDM技术可低成本地生产所需功能的产品原型。FDM技术可以利用与实际产品相似的材料打印出原型,这些材料大多具有经济实惠的特点,因此对于用户开发研究新产品,特别是对于需快速、低成本地生产出需要进行功能性测试实验的产品原型更加有利。

② FDM成型材料更换方便且利用率高。通过材料卷轴或料盒储存打印材料,自动送材且安装拆卸简单,随时可更换材料。FDM打印产品是通过将固体丝材加热至半熔体

状态后挤压逐层建造而成的,打印过程中仅需要用到打印产品的主材料以及用于支撑产品的辅助材料,材料浪费很少,利用率很高。

③FDM技术可应用于大体积产品打印。与其他类型的3D打印机相比,采用FDM技术的打印机能打印出更大体积的产品,如Stratasys公司生产的Fortus 900mc 3D打印机的建造区域最大可达914 mm×610 mm×914 mm。

熔融沉积成型打印产品如图2-6所示。

图2-6 FDM成型作品

但熔融沉积成型工艺的缺点也比较明显:

①FDM成型制件精度较低,成型件的表面有较明显的纹路,斜面及弧面等结构处台阶效应明显,如图2-7所示。在成型过程中,容易发生翘曲、撕裂、零件脱落等问题。这就需要设计和制作支撑结构,对于一些特殊结构制品,如镂空类零件、中空类零件等,使用FDM成型工艺就会受到很大限制。

图2-7 FDM产品表面缺陷

②熔融沉积成型速度相对比较慢,成型时间比较长,不适合大批量生产。

然而,随着各项技术的发展,熔融沉积成型工艺的缺点也在不断得到改善。比如,产品表面明显的细纹可以通过使用3D打印产品专用的表面处理抛光液来达到抛光的效果。

2.3.2　光固化成型技术

立体光固化(Stereo Lithography,SL)技术,又被称为光固化成型(Stereo Lithograph Apparatus,SLA)技术。作为增材制造领域最早发展起来的成型技术,光固化成型技术已成为目前世界上研究较为成熟、应用较为广泛的一种快速成型工艺方法。简单来说,SLA技术基于光敏材料的光聚合原理,多以液态光敏树脂为原料,将其盛放在液槽中,通过逐层光照固化的方式来构建实体。因此,有些研究人员又把光固化技术称为"槽式光聚合"技术。该技术经过长期发展,按照光源问题提出的不同解决方案,市场上逐渐发展出以下三种技术:

1. 立体光固化(Stereo Lithography,SL)技术

SL的光源来自激光,它利用紫外光(波长为355 nm或405 nm)作为光源,通过激光振镜控制系统来控制激光产生光斑(点光源),扫描液态光敏树脂进行选择性固化成型。这个过程由点到线、由线到面逐渐成型。

2. 数字光处理 (Digital Light Processing,DLP) 技术

DLP的光源来自高清投影仪,它利用波长为405 nm的紫外光源,通过数字微镜技术,选择性地将面光源投射到光敏树脂上使之固化。

3. 液晶屏投影 (Liquid Crystal Display,LCD)技术

LCD的光源来自液晶屏投影,该技术是用液晶屏投影来代替DLP技术的光源,所不同的是光源波长。LCD技术既可以采用和DLP一样波长(405 nm)的紫外光,加上LCD面板作为选择性透光的技术,即LCD掩膜光固化 (LCD masking),又可以采用400~600 nm的可见光,即可见光光固化(Visible Light Cure,VLC)。

光固化成型的基本原理是使用能量光源,利用光敏材料受光照固化的特点,通过计算机控制光源,使材料快速凝固成型。以立体光固化技术为例,其成型过程如图2-8所示。

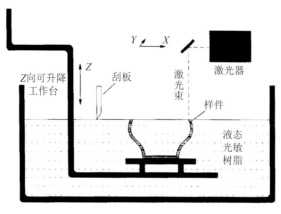

图2-8　立体光固化工艺原理

　　液槽中盛满液态光敏树脂,氢-镉激光器或亚离子激光器发出的紫外激光束,在控制系统的控制下,按零件的各分层截面信息在光敏树脂表面进行逐点扫描。这使被扫描区域的树脂薄层产生光聚合反应而固化,形成零件的一个薄层。一层固化完毕后,工作台下移一个层厚的距离,以便在原先固化好的树脂表面再敷上一层新的液态树脂,刮板随后将黏度较大的树脂液面刮平,然后进行下一层的扫描加工,新固化的一层牢固地黏结在前一层上,如此重复直至整个零件制造完成,最终得到一个三维实体原型。简而言之,就是激光照射到液态树脂上,激光照射到的地方凝固,没照射到的地方保持液态,再加上Z轴方向层层移动,最终完成产品制作。

　　因为树脂材料的高黏性,所以在每层固化之后,液面很难在短时间内迅速流平,这将会影响实体的精度。采用刮板刮平后,所需数量的树脂便会被十分均匀地涂敷在上一层上。这样,经过激光固化后就可以得到较好的精度,使产品表面更加光滑与平整。

　　打印完成后,将实体从机器中取出,置于相应的小推车上。根据实体的结构,选择方便树脂流出的角度进行摆放。在摆放时,还要注意零件结构的受力情况,以避免产品变形。待树脂排净之后,去除支撑结构,用酒精进行清洗,然后再将实体放到二次固化设备中进行紫外激光照射固化。

　　光固化成型(SLA)技术的特点如下。

　　(1) 优点主要包括以下几个方面:

　　① 技术成熟度较高,是经过长时间检验的快速成型技术。

　　② 成型过程自动化程度高,系统非常稳定,支持远程联机操作。加工开始后,成型过程可以完全自动化进行,直至原型制作完成。

　　③ 加工的原型件尺寸精度高,可以达到 ± 0.1 mm。该技术能够制作结构复杂、尺寸精细、传统加工方式难以加工的原型或者模具。它还可以直接制作用于熔模铸造的具有中空结构的模型,所制作的原型可以在一定程度上替代蜡模或塑料件。

　　④ 该技术由 CAD 数字化模型直接驱动成型,加工速度快,适合工业化批量生产。产品生产周期短,且无须切削工具与模具。

　　光固化打印产品在精度和光滑程度方面明显优于熔融沉积成型的产品,但价格也会相应高出许多。其打印产品如图2-9所示。

图 2-9　SLA 成型作品

（2）光固化成型技术同时也存在着明显的缺点：

① 设备造价高昂，体积大，运输和维护成本高。液态树脂材料和激光器的价格也较高，因此该技术一般用于工业生产。

② 对工作环境要求苛刻。由于目前使用的材料主要为感光性的液态树脂，这类材料有气味且具有毒性，同时需要避光保护，以防止提前发生聚合反应。因此，一般要求恒温、恒湿、密闭的环境。

③ 由于材料的局限性，经快速成型系统光固化后的原型树脂并未完全被激光固化，成型出来的原型还需要进行二次固化处理。

④ 光固化成型制件存在易变形、发脆、易断裂等问题，且成型出的零件应避光保存，否则易变黄。

⑤ 预处理软件和驱动软件运算量大，操作复杂，对操作人员的技术要求比较高。

2.3.3　激光选区烧结技术

激光选区烧结（Selective Laser Sintering，SLS）技术是一种利用激光与粉体交互作用并逐层堆积成型零件的增材制造技术，通常采用CO_2激光器作为激光源，根据计算机输入的分层数据选择性地扫描分层，其成型原理如图2-10所示。

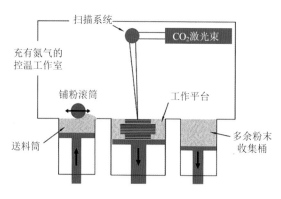

图2-10　激光选区烧结原理

扫描前需将粉末预热至略低于该粉末烧结点的某一温度，以减少激光扫描时的热变形及粘粉问题，也便于层与层之间的结合。激光器的工作与功率调节、激光打印过程、粉体预热以及铺粉辊、粉缸的移动均由计算机控制系统来进行精确控制。在确定激光工艺参数（激光功率、扫描速度、扫描间距、分层层厚、光斑直径等）后，计算机控制激光器发射出高精度激光束。激光束按照系统输入的三维切片模型数据，选择性地扫描粉层。粉层上被扫描的区域吸收激光能量，温度开始升高。当温度升高至粉末材料的熔点后，被扫描区域的粉末逐渐开始流动，使得粉末颗粒间互相接触形成烧结颈而黏结成型，而未被扫描的区域仍保持粉末状态，对模型的空腔和悬臂部分起着支撑作用，无须像SLA和FDM工艺那样需要另外生成支撑结构。当激光束完成指定区域的扫描后，一部分热量由于表面对流和辐射而消散,另一部分热量则由于热传导向下层的粉层传递,使得被扫描粉层与下层粉层之间形成黏结。随后,温度开始下降,粉末颗粒逐渐冷却固化,处于扫描区域的粉末颗粒互相黏结出所需的轮廓。激光束在完成一层切片的扫描后,工作缸下降一个切片层厚的高度,而对应粉缸则上升一个与切片层厚存在比例关系的高度,然后铺粉辊向工作缸方向进行平移与转动,将粉缸中超出工作平面高度的粉层推移并填补到工作缸粉末的表面,使前一层扫描区域被覆盖。填补粉末的厚度即为切片层厚,多余的粉末进入粉末收集桶中,然后开始第二层的烧结。如此反复,逐层叠加,直至完成整个模型的烧结。当全部截面烧结完成后,工作缸上升至初始位置。此时,将打印零件从粉床中取出,然后放置到后处理工作台上。用刷子小心清理表面及复杂内部结构中未被烧结的粉末,其余残留粉末可用压缩空气去除。再进行打磨、烘干等后处理工序,便得到所需的三维实体零件。

激光选区烧结技术是一种基于粉末床的增材制造技术,粉末材料的特性对成型件的各项性能有着显著的影响。因此,粉末材料的选择非常重要。粉末颗粒的粒径大小、粒径分布、粉末颗粒的形状等对成型过程尤为重要。SLS技术成型的材料种类广泛,目前国内外已开发出多种SLS成型材料,按材料性质可分为以下几类:金属基材料、陶瓷基材料、覆膜砂、聚合物材料等。SLS成型工艺参数包括预热温度和激光工艺参数。其中,预热温度是一个非常重要的工艺参数,直接影响到SLS成型件的成型精度、结构致密度及成型效率等。

激光选区烧结技术主要应用于铸造砂型(芯)/熔模的成型(图2-11)、生物制造(图2-12)、聚合物功能件制造(图2-13)、陶瓷成型制造(图2-14)等方面。

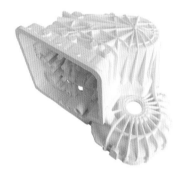

图2-11 SLS成型的熔模　　　　　　　　　图2-12 SLS成型的假肢

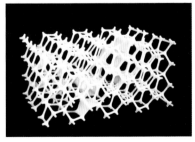

图2-13 SLS成型的尼龙制品

图2-14　SLS成型的陶瓷零件

作为一种与传统减材制造方法截然不同的快速制造技术,SLS技术在制造零件方面具有许多突出的优势:

① 材料适应面广。SLS成型材料非常多样化,能制造尼龙等塑料功能件,也可以制造陶瓷、石蜡等材料的零件,特别是可以制造金属零件。从理论上说,所有激光烧结后可实现颗粒黏结的粉末材料都可以作为SLS的成型材料。

② 制造工艺相对比较简单。由于制作过程全部由计算机控制,只需要进行模型设计和原型制作,制造工艺相对简化。

③ 成型精度较高。一般制件的尺寸精度能够控制在 ± (0.05~2.5) mm 的公差内。当粉末粒径为 0.1 mm 以下时,成型后的原型精度可达 ± 0.1 mm。制造的零件机械性能好、强度高、成型时间短。

④ 无须设计支撑。制造过程中未被激光扫描的区域,仍以粉末床的方式存在,可对悬空层起到支撑作用,因而可制作形状复杂的零件。

⑤ 材料利用率高。一次成型后未被利用的粉末还可以进行二次使用,提高了材料的利用率,也降低了成本。

此技术主要的缺陷是粉末烧结的零件表面粗糙,需要进行后期处理;生产过程中需要大功率激光器,机器成本较高,技术难度大,普通用户无法承受其高昂的费用支出,多用于高端的制造领域。

2.3.4　激光选区熔化技术

激光选区熔化(Selective Laser Melting,SLM)技术是20世纪90年代发展起来的一种新型增材制造技术。它利用高能激光束选择性地熔化金属粉末,经过快速冷却凝固直接成型出金属零件。它不受零件形状复杂度的限制,且不需要其他后处理工艺,可以解决兼顾复杂形状和高性能金属构件快速制造的技术难题。激光选区熔化和激光选区烧结有着相似的技术原理,但SLM工艺一般需要添加支撑结构。

SLM技术基于离散—分层—叠加的原理,借助计算机辅助设计和制造,利用高能激光束选择性地逐行、逐层熔化金属粉体,金属粉体迅速冷却,从而直接成型出致密的三维实体零件(图2-15)。这个过程是激光与粉体之间的相互作用,包括激光能量传递、物态变化等一系列物理化学过程。在激光束开始扫描前,水平刮板会先将金属粉末平刮到成型腔的基板上,然后激光束按当前层的轮廓信息选择性地熔化基板上的粉末,加工出当前层的轮廓,然后成型缸下降一个层厚的距离,粉料缸上升一定厚度的距离,铺粉装置再在已加工好的当前层上铺好金属粉末,设备调入下一层继续进行加工,如此层层加工,直到整个零件加工完毕。整个加工过程在充满惰性气体保护的加工室中进行,以避免金属在高温下与其他气体发生反应。SLM成型过程是一个由线到面,再由面到体的增材制造过程,金属粉末在高能束的激光作用下熔化,连续不断地形成熔池,熔池存在的连续稳定性及熔池内的热应力状态和热传递状态,对成型件的最终成型质量和成型过程的稳定性都起到关键性作用。

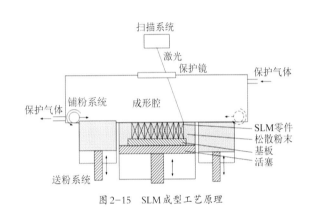

图2-15 SLM成型工艺原理

激光能量传递是将光能转变为热能,并由此引发材料的物态转变。金属粉体吸收不同量的激光能量会发生不同的物态改变。当激光能量低时,金属粉体只会升高表面温度,发生软化变形;随着激光能量的升高,金属粉体熔化,并在快速冷却后形成细小晶粒的固态零件。当激光能量过高时,金属粉体在熔化过程中会发生气化,这会导致最终成型的零件产生热应力、翘曲变形等缺陷。

在SLM成型过程中,金属粉体的激光吸收率对材料的成型性能和激光利用率具有重要影响,从而直接影响成型零件的性能。当粉体的激光吸收率较低时,只有很小一部分激光能量能够被吸收,大部分则被反射,导致金属粉体无法熔化成型;当粉体的激光吸收率较高时,大部分激光能量都能被吸收,材料容易成型,激光利用率得到提高。钛基合金、铁基合金和镍基合金等金属粉体对激光的吸收率较高,是目前使用较多的金属粉体。

激光选区熔化技术具有众多显著优势:

① SLM技术可以近净成型复杂形状的金属零件和模具,且制备工艺简单。

② 成品的致密度和精度高,致密度可达99%,力学性能与传统加工工艺相当。此外,金属零件具有很高的尺寸精度(可达0.1 mm)和优异的表面粗糙度(Ra约为30~50 μm)。

③可加工材料种类持续增加,且所加工的零件可进行后期焊接。

然而,激光选区熔化技术也有着不少劣势:

①SLM设备可成型的零件尺寸范围有限,这主要受限于激光器功率和扫描振镜的偏转角度。

②机器制造成本高,因为SLM设备使用了高功率的激光器以及高质量的光学设备,导致设备及维护成本较高。

③成型件需要二次处理。由于使用了粉末材料,成型件表面质量较差,因此产品需要进行二次加工,才能用于后续的工作。此外,在加工过程中,容易出现球化和翘曲现象。

尽管如此,SLM技术在快速精密制造、汽车零配件、快速模具制造、武器装备、个性化医学、航空航天零部件等高端制造领域仍得到了广泛应用,解决了传统制造工艺难以加工甚至无法加工的一些结构和材料的制造难题,为制造业的发展带来了无限活力。如图2-16所示,展示了SLM成型零件的一个实例。

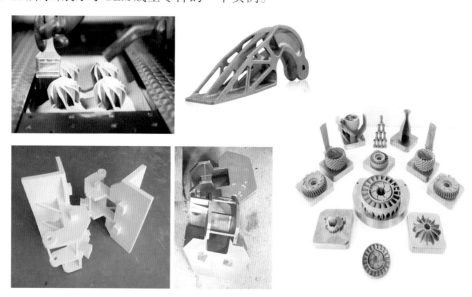

图2-16　SLM成型零件图

2.3.5　叠层实体成型技术

叠层实体制造(Laminated Object Manufacturing,LOM)也称为分层实体制造或薄材叠层成型。该技术主要由计算机、材料传送机构、热黏压机构、激光器切割系统,以及可升降工作台等核心部件组成。LOM成型技术采用薄片材(如纸片材、金属片材、陶瓷片材、塑料薄膜和复合材料片材)为原材料,通过层叠加工与激光切割的方式,逐步构建出所需的三维模型。

LOM成型工艺原理如图2-17所示,其工艺过程(图2-18)如下:

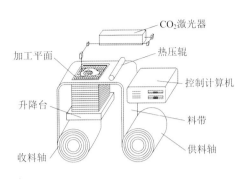

图 2-17 叠层实体成型(LOM)工艺原理

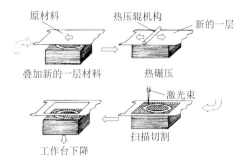

图 2-18 LOM 成型工艺过程

① 首先由计算机读取 STL 格式的三维模型数据,然后沿 Z 轴方向进行切片处理,得到模型各个横截面数据,进而生成切割截面轮廓的轨迹。激光切割系统则根据计算机提取的横截面轮廓数据获取相应的切割控制指令。

② 材料传输机构将底面涂覆有热熔胶的原材料准确地送至工作区域的上方。

③ 工作台向上升,同时热压辊移到工件上方。工件顶起新的料带,当工作台停止移动时,热压辊开始往复碾压新的料带,确保将最上面一层的新材料与下面已经成型的工件部分黏结在一起。

④ 系统会根据工作台停止的位置,精确测出工件的高度,并将这一信息反馈回计算机,计算机则根据当前零件的加工高度,计算出三维实体模型的横截面数据信息。然后,将该截面的轮廓信息传输到控制系统中,激光器切割系统则沿截面轮廓进行精确的切割。激光的功率被精确设置在只能切透一层材料的功率值上。轮廓内外无用的材料会被激光切成方形的网格状,并保留在原处,起支撑和固定作用。制件加工完成后,这些无用的材料可用工具轻松剥离。

⑤ 工作台向下移动,使刚切下的新层与料带完全分离。之后,料带移动一段距离,并整齐地绕在复卷辊上。

⑥ 重复上述步骤,逐层进行制作。当全部叠层制作完毕后,只需将多余废料去除,即可获得完整的三维实体模型。

LOM技术是较为成熟的快速成型制造技术之一。由于制造过程中多使用纸材,因此成本低廉,制件精度高,而且制造出来的木质原型不仅具有外在的美感,还具备一些特殊的品质,因而受到了广泛的关注。

叠层成型工艺的特点如下:

(1) 优点

① 成型速度较快。由于仅需要使激光束沿着物体的轮廓进行切割,无须扫描整个断面,因此成型速度很快,常用于加工内部结构简单的大型零件。

② 无须设计和构建支撑结构,制作效率高且成本低。

③ 工艺过程中无材料相变,因此不易引起翘曲变形。这是因为在对薄形材料进行

选择性切割成型时,原材料中只有极薄的一层胶发生状态变化,即由固态变为熔融态,而主要的基底材料依然保持固态不变,因此翘曲变形较小,且几乎无内应力产生。

④ 结构制件能承受高达200 ℃的温度,具有较高的硬度和较好的力学性能,可进行各种切削加工,可方便地对成型件进行打磨、抛光、着色、涂饰等表面处理,获得表面十分光滑的成型件。

⑤ 与其他成型工艺相比,成型件的原材料价格便宜得多,因此整体成本较低。

（2）缺点

① 该技术难以构建形状精细、多曲面的零件,主要限于构建结构相对简单的零件。工件表面可能会出现台阶纹,因此通常需要进行打磨处理以达到所需的表面质量。

② 废料去除是一个挑战。特别是对于薄壁件和细柱状件,废料的剥离过程相对困难,需要额外注意,并采取一定的操作技巧。

③ 由于材料本身的特性,加工出的原型件的抗拉性能和弹性可能不高,这在一定程度上限制了其应用范围。

④ 材料容易吸湿膨胀,因此需要进行表面防潮处理,以防止因潮湿而导致的尺寸变化或性能下降。

LOM成型件主要应用于以下几个方面：

（1）直接制作纸质功能制件,这些制件常用于新产品开发中的工业造型外观评价以及结构设计验证。

（2）利用材料的黏结性能,LOM技术可以制作尺寸较大的制件,同时也能制作结构复杂的薄壁件。

（3）结合真空注塑机,LOM技术可用于制造硅橡胶模具,进而试制少量新产品。

（4）在模具的快速制造方面,LOM技术也有广泛应用,如铸造用金属模具、消失模、蜡模模具等的制作。

由于LOM技术的成型件具有精度高、质量高且成本较低的特点,它特别适合于中、大型制件的快速成型。作为一种快速、高效且低成本的快速成型技术,LOM技术已在汽车、航空航天、通信电子领域以及日用消费品、制鞋、运动器械等行业得到了广泛的应用。

LOM成型作品如图2-19所示。

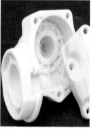

图2-19　LOM成型作品

2.3.6　全彩色3DP三维印刷技术

全彩色3DP三维打印技术,也称为粉末材料选择性黏结技术,是一种基于喷射式的3D打印技术。该技术通过喷嘴喷射出液态微滴或连续的熔融材料束,按照预定的路径逐层堆积成型,实现快速原型制作。3DP打印技术可采用的材料种类丰富,主要包括石英砂、石膏、陶瓷、金属、高分子聚合物等。该技术具有设备成本低、材料成本低、无须设计支撑结构、成型速度快、操作简单、易于维护等优点。通过在黏合剂中添加颜料,3DP打印技术还可以加工出彩色模型。

3DP工艺与SLS工艺相似,都是采用粉末材料进行成型。不同的是,3DP工艺中的材料粉末并非通过烧结连接在一起,而是通过喷头用黏合剂(如硅胶)将零件的截面"印刷"在材料粉末上面。然而,用黏合剂黏结的零件强度相对较低,因此还需要进行后处理。

全彩色3DP三维打印工艺的原理如图2-20所示。在打印平台上先铺设一层薄薄的粉末材料,然后将不同色彩的粉末喷洒在平台上。接着,利用喷嘴选择性地在粉层表面喷射黏合剂,将粉末材料黏结在一起形成实体层。通过逐层黏结,最终形成三维零件。

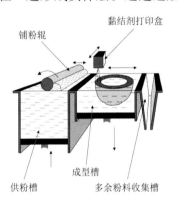

图2-20　3DP工艺原理图

具体工艺过程如图2-21所示:

(1)铺设粉末原料。在上一层黏结完毕后,成型缸下降一个层厚的距离,同时供粉缸上升一定高度,推出若干粉末至成型区域。

(2)粉末铺平与压实。粉末被铺粉辊推到成型缸中,并被铺平压实。多余的粉末则被集粉装置收集起来,以便后续使用。

(3)选择性喷射黏合剂。喷头在计算机的控制下,根据下一个建造截面的成型数据,有选择地喷射黏合剂,以建造层面。

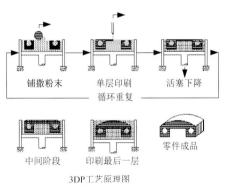

图2-21　3DP成型过程

（4）重复送粉、铺粉和喷射过程。如此往复地进行送粉、铺粉和喷射黏合剂的操作，最终完成三维粉体的黏结，形成所需的三维形状。

（5）后处理。未被喷射黏合剂的地方保持为干粉状态，这些干粉在成型过程中起到支撑作用。成型结束后，这些干粉比较容易去除。黏结得到的制件需要置于加热炉中进行进一步的固化或烧结处理，以提高其黏结强度。

全彩色3DP三维打印的特点：

（1）优点

① 成型速度快。

② 适合制造复杂形状的零件。无须设计支撑结构，特别适合成型一些中空且形状复杂的零件。

③ 可用于制造复合材料或非均匀材料的零件，提供多样化的材料选择。

④ 适合制造小批量零件，满足个性化或小规模生产需求。

⑤ 可打印丰富的彩色模型，实现全彩色打印效果。

（2）缺点

① 由于3DP技术是通过黏合剂将粉末黏结在一起，因此成型件的强度较低，主要适用于制作概念原型，不宜进行功能性试验。

② 零件在制造过程中易变形，甚至可能出现裂纹，影响制件的质量。

③ 成型的制件还需要进行加热固化或烧结等后处理工序，工序相对繁琐。

利用全彩色3DP三维打印成型技术制作的作品如图2-22所示。

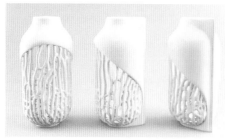

图2-22　3DP成型作品

2.4　3D打印材料与选择

2.4.1　高分子材料

高分子材料因其独特的性能,常被用来制作模型、工具和工业零件等。这类材料对强度、耐冲击性、耐热性、硬度及抗老化性都有一定的要求,是材料挤出成型中应用极其广泛的一类打印材料。最常用的高分子材料包括丙烯腈-丁二烯-苯乙烯(ABS)、聚乳酸(PLA)、聚碳酸酯(PC)、聚醚醚酮(PEEK)、工业蜡以及热塑性聚氨酯(TPU)等。

1. ABS材料

ABS材料具有强度高、韧性好、耐冲击等优点。其成型温度范围为180~250 ℃,但建议不要超过240 ℃,以防止树脂分解。打印平台的温度应保持在60 ℃以上。ABS的热变形温度为93~118 ℃,制品经过退火处理后,其热变形温度还可提高约10 ℃。即使在-40 ℃的低温下,ABS仍能表现出一定的韧性,因此它可在-40~100 ℃的温度范围内使用。

ABS材料外观为不透明的象牙色粒料,其制品可以着色成多种颜色,并具有高光泽度。3D打印用的ABS材料如图2-23所示。ABS的相对密度约为1.05,吸水率低。它与其他材料的结合性好,易于进行表面印刷、涂层和镀层处理。需要注意的是,ABS的氧指数为18~20,属于易燃聚合物。在燃烧时,火焰呈黄色,伴有黑烟,并发出刺鼻的气味。

图2-23　ABS耗材及打印作品

ABS具有优良的力学性能,其冲击强度较好,因此可以在较低的温度下使用。ABS打印件的强度可以达到注塑件的80%,表现出良好的强度特性。此外,ABS的耐磨性优良,尺寸稳定性好,同时又具有耐油性,这使得它可用于中等载荷和转速下的轴承应用。在耐蠕变性方面,ABS的表现比PSF(聚砜)及PC(聚碳酸酯)要好,但比PA(尼龙)及POM(聚甲醛)要差一些。需要注意的是,ABS的弯曲强度和压缩强度相对较差,且其力学性能受温度的影响较大。

在电性能方面,ABS的电绝缘性较好,并且几乎不受温度、湿度和频率的影响,因此可以在大多数环境下使用。同时,ABS不受水、无机盐、碱及多种酸的影响,表现出良好的化学稳定性。然而,它可溶于酮类、醛类及氯代烃中,并且在受到冰乙酸、植物油等侵蚀时可能会产生应力开裂。此外,ABS的耐候性较差,长时间暴露在紫外光下易产生降解,导致性能下降。例如,置于户外半年后,其冲击强度可能会降低一半。

由于ABS在高温熔融状态下会散发出一定的刺鼻性气味,因此通常建议使用密闭式打印机进行打印,以保证温度的相对稳定性并减少气味扩散。当ABS应用于FDM工艺时,由于其韧性不够、流动性较差以及在成型过程中受温度等多方面因素影响导致的不均匀收缩、抗翘曲能力不足等问题,制品容易出现翘边、开裂、断丝、支撑难剥离以及配合精度差等问题,使得打印效果难以达到理想状态。为了解决这些问题,主要采用共混、共聚、复合等手段对ABS进行改性处理。

2. PLA材料

聚乳酸(PLA)是一种创新的生物基及可再生生物降解材料,它由玉米、木薯等可再生的植物资源中提取的淀粉原料制成。这些淀粉原料首先经过糖化过程转化为葡萄糖,再由葡萄糖及特定的菌种发酵制成高纯度的乳酸。最后,通过化学合成方法,乳酸被合成为具有特定相对分子质量的聚乳酸。PLA具有良好的生物可降解性,使用后能在自然界中微生物的特定条件下被完全降解,最终生成二氧化碳和水,不会污染环境,因此被公认为是环境友好型材料。

PLA材料的熔点范围为155~185 ℃,密度为1.20~1.30 kg/L,且热稳定性良好。在FDM成型过程中,其加工温度为180~220 ℃,而打印平台底板的温度建议在60 ℃左右。PLA与打印底板之间具有稳固的黏合性,因此不容易产生翘边等现象。此外,PLA还具有较好的抗溶剂性,并可通过多种方式进行加工,如挤压、纺丝、双轴拉伸以及注射吹塑等。

由PLA制成的产品不仅具有生物降解性,还具备生物相容性、较高的光泽度、良好的透明性、优良的手感、良好的拉伸强度和刚度、较低的熔点和热变形温度以及良好的化学惰性和耐热性等特点。此外,PLA还具有一定的耐菌性、阻燃性和抗紫外线性能,因此其用途十分广泛。它可以用作包装材料、纤维和非织造物等,并主要应用于服装、建筑、农业、林业、造纸和医疗卫生等领域。然而,PLA也存在一些明显的性能缺陷,如玻璃化温度低、脆性大、热稳定性差、功能单一以及价格较高。

为了改善PLA的性能,目前主要采用交联、表面改性或通过共聚引入其他单体来改变PLA自身的分子结构。另外,也可以通过共混、填充、纳米复合等方法制备各种类型的复合材料以提高其性能。市面上除了应用较为普遍的普通PLA材料外,还有柔性PLA材料(打印温度为190~230℃)、碳纤维PLA材料(打印温度为200~220℃)以及木塑PLA材料(打印温度为180~210℃)等。例如,日常生活中使用的手机壳、日用品以及穿戴产品等可以使用柔性PLA材料进行制作,这种材料具有回弹性,使得产品更加人性化。无人机零部件、机械零部件等产品则可以使用碳纤维PLA材料进行制作,其制品具有高强度和轻质的特点。而仿木纹的小产品,如笔筒、工艺品等则可以使用木塑PLA材料进行制作,这种材料具有抗腐蚀、耐潮湿、耐酸碱以及不发霉等特点。图2-24和图2-25所示分别为PLA耗材和PLA成型作品。

图2-24　PLA耗材

图2-25　PLA成型作品

3. PC材料

聚碳酸酯(PC)是碳酸的聚酯类,碳酸本身并不稳定,但其某些衍生物(如光气、尿素、碳酸盐、碳酸酯)都具有一定的稳定性。其密度为1.18~1.22 g/cm³,热变形温度为135 ℃,低温下可达-45 ℃。

聚碳酸酯耐弱酸、耐弱碱、耐中性油,但不耐紫外线和强碱。PC是几乎无色的玻璃态无定形聚合物,具有优良的光学性能、耐热性、抗冲击性和良好的阻燃性能(b1级),在普通使用温度范围内都表现出良好的机械性能。然而,PC的主要性能缺陷包括耐水解稳定性不够高,对缺口敏感,耐有机化学品性和耐刮痕性较差,长期暴露于紫外线中会发黄。与其他树脂一样,PC也容易受到某些有机溶剂的侵蚀。在耐磨性方面,虽然PC材料相比ABS材料具有较好的耐磨性,但与大部分塑胶材料相比,聚碳酸酯的耐磨性仍然较差。因此,一些用于易磨损用途的聚碳酸酯器件需要对表面进行特殊处理。图2-26、图2-27所示为PC耗材和PC成型产品。

图2-26　PC耗材

图2-27　PC成型作品

4. PEEK材料

聚醚醚酮(PEEK)是一种特种工程塑料,具有耐高温、自润滑、耐腐蚀、抗老化、耐水解、耐磨、阻燃、抗辐射、电绝缘性好、易加工和机械强度高等优异性能。它可耐高达260 ℃的高温,并可制造加工成各种机械零部件,如汽车齿轮、油筛、换挡启动盘,以及飞机发动机零部件、自动洗衣机转轮、医疗器械零部件等。此外,PEEK还可应用于航空航天、核工程等高新技术领域。

然而,由于其熔体黏度较高,不利于成型加工,并且制品的缺口敏感性较差、易于应力开裂,价格也相对较高,因此还需要进行改性以得到更好的应用。图2-28展示了3D打印用的PEEK耗材及其成型作品。

图2-28   PEEK 耗材及作品

5. 工业蜡

蜡丝因其较低的成型温度(120~150 ℃),是应用最早的FDM材料。由于蜡丝表面光洁度高,收缩率低(0.3%),能够获得较高的打印精度。加之其无毒无害的特点,用蜡成型的原型零件可以直接用于熔模铸造,因此已经被广泛应用于模具制造领域。在材料挤出工艺中,所使用的工业蜡可以是丝材,也可以是颗粒或块体。FDM打印的蜡模及铸件见图2-29。

图2-29   FDM打印的蜡模及铸件

6. TPU材料

热塑性聚氨酯(TPU)是一种热塑性聚氨酯弹性体橡胶,具有卓越的张力、拉力、韧性和耐老化的特性,是一种成熟的环保材料。目前,TPU已广泛应用于医疗卫生、电子电器、工业及体育等领域,展现出其他塑料材料无可比拟的强度高、韧性好、耐磨、耐寒、耐油、耐水、耐老化、耐气候等优点,同时还具备高防水性、透湿性、防风、防寒、抗菌、防霉、保暖、抗紫外线等诸多优异功能。

TPU的硬度范围较广,通过调整TPU各反应组分的配比,可以得到不同硬度的产品,而且随着硬度的增加,其产品仍可保持良好的弹性。TPU的机械强度高,在承载能力、抗冲击性及减震性能方面表现突出。其耐寒性也非常出色,TPU的玻璃态转变温度较低,即使在-35℃下仍能够保持良好的弹性、柔顺性和其他物理性能。此外,TPU的加工性能好,可采用常见的热塑性材料的加工方法进行加工,如注射、挤出、压延等。同时,TPU与某些高分子材料共同加工能够得到性能互补的聚合物合金。TPU的再生利用性好,主要应用于汽车部件、鞋类、保护套、管材软管、薄膜板材、电线电缆等成型品,也可用于TPU油墨的生产。图2-30所示为3D打印TPU作品。

图2-30　3D打印TPU作品

2.4.2　无机非金属材料

无机非金属材料是指除有机高分子材料和金属材料之外的所有材料的统称。这类材料种类繁多,其中适用于材料挤出技术并得以应用的无机非金属材料主要包括无机胶凝材料、陶瓷材料、玻璃材料等。

1. 无机胶凝材料

无机胶凝材料进一步可分为气硬性胶凝材料(如石灰、石膏、水玻璃、菱苦土)和水硬性胶凝材料(如各种水泥)。目前,可用于材料挤出3D打印工艺的无机胶凝材料主要包括水泥、石膏和碱激发胶凝材料等具有胶凝特性的材料。

评估3D打印用胶凝材料的可打印性,可以从以下几个方面进行:可挤出性、可建造性、流动性、凝结时间、流变性能、力学性能和耐久性能。

以3D打印混凝土为例,材料挤出后应具有保持稳定并能支撑下一层混凝土的能力,即可建造性;同时,还需要具有能够均匀、流畅地通过打印机喷嘴的能力,即可挤出性。因此,可建造性和可挤出性是3DPC(混凝土3D打印)可打印性的两个基本性能。3DPC的可挤出性与可建造性主要取决于混凝土的流变性能,而流变性能可用屈服应力和塑性黏度来表征。此外,3DPC还需具有一定的触变性,具有良好触变性的混凝土在挤出、流动的过程中能保持较低的屈服应力,能被顺畅挤出;且在挤出后的静置过程中,3DPC可以恢复较高的屈服应力,从而保持自身的稳定。通过合理地调整原材料配比,掺入一种甚至多种不同功效的外加剂、骨料,可以提高其可打印性;通过掺入矿物掺合料可有效改善其流动性;通过将纤维引入3DPC可以有效改善其层间界面性。除了采用传统的硅酸盐水泥制备3DPC外,部分学者还探索利用碱激发矿渣、碱激发粉煤灰等的聚合物作为胶凝材料,制备出了具有可打印性的地聚合物混凝土,以此替代硅酸盐水泥来制备3DPC。

由于胶凝材料固化反应的不可逆性,因此无法采用FDM打印工艺,所用材料需要预先配制成具有一定流动性的浆体或膏体。图2-31展示了一系列3D打印混凝土的案例。

（a）户外家具　　　　　　　　　　　　　　（b）柱子

（c）建筑部件

（d）户外长凳　　　　　　　　（e）200 m高风力涡轮机塔

（f）桥

（g）房子

图2-31　3D打印混凝土案例

2. 陶瓷材料

适用于陶瓷材料3D打印的工艺种类繁多,包括分层实体制造(LOM)、立体光固化(SLA)、激光选区烧结(SLS)、激光选区熔化(SLM)、喷墨打印法(IJM)、3DP等。材料挤出工艺同样适用于陶瓷坯体的成型。陶瓷粉末是打印原材料的主要组分,一般要求粒径尺寸小于 $1\ \mu m$,具有较窄的粒径分布,不发生团聚并具有良好的流动性。高纯度、高均匀性、高精细度以及高分散性的精细陶瓷粉末的制备是3D打印原料制备的核心。目前常用的陶瓷粉末包括氧化铝(Al_2O_3)、硅酸铝(Al_2SiO_5)、氧化锆(ZrO_2)、羟基磷灰石(HAP)等。陶瓷材料3D打印主要是向陶瓷粉末中添加黏合剂,通过添加黏合剂使原料在流动性、可塑性方面的性能得到优化。而这些黏合剂在陶瓷烧制过程中会被分解挥发,对陶瓷制品没有明显影响。同时,通过向其原料中添加其他成分,可以产生不同的成型效果。打印所用材料形式可以为线材,也可以为膏体。膏体料由陶瓷粉末和外加剂配制而成,并具有一定流动性。线材则是将陶瓷粉末与树脂在高温下均匀混合后,经低温固化制成。利用材料挤出工艺制备的陶瓷坯体(图2-32)成型后都需要进行热处理,包括脱脂和烧结,最后获得陶瓷制品。陶瓷直接快速成型工艺尚未成熟,目前国内外正处于研究阶段,尚未实现商品化。

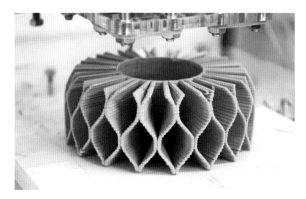

图2-32　挤出成型陶瓷坯体

陶瓷材料挤出成型技术主要有两个应用方向:一类是生物医用领域,如义齿、支架打印等;另一类则是陶瓷器皿、艺术品的制作方面。

3. 玻璃材料

玻璃是一种无规则结构的非晶态固体,其分子在空间不具有长程有序的排列,而是具有近似于液体那样短程有序的排列。玻璃像固体一样保持特定的外形,不像液体那样随重力作用而流动。它遇高温时熔化,低温时黏度急速增加,形成亚稳态固体材料。玻璃材料具有各向同性、无固定熔点、亚稳性和渐变性、可逆性等特点。按组成特点,玻璃可分为氧化物玻璃和非氧化物玻璃两大类。氧化物玻璃是最常见的玻璃品种,它借助氧桥形成聚合结构,如硅酸盐玻璃、硼酸盐玻璃、铝酸盐玻璃、磷酸盐玻璃等;非氧化物玻璃主要包括卤化物玻璃和硫族化合物玻璃,如氟化物玻璃(BeF_2玻璃等)、氯化物玻璃($ZnCl_2$玻璃等),以及硫化物玻璃、硒化物玻璃等。

理论上,所有种类的玻璃都可以采用材料挤出技术进行3D打印,所用的玻璃材料以玻璃熔体为主,也可以为玻璃浆料,不同状态的材料对应不同的打印工艺。当以玻璃熔体为打印原料时,利用高温玻璃熔体的流变性能,通过高温喷嘴挤出,并设置退火室作为温度降到室温的中转站。随着温度降低,玻璃固化,从而实现成型。当以玻璃浆料为打印原料时,可在常温下挤出。挤出的浆料通过干燥或冷冻等方式获得具有一定力学性能的坯体,然后在高温下进行烧结,得到玻璃制品。

对于玻璃熔体挤出成型工艺,其流变性能是影响成型质量的最重要因素,主要指标包括玻璃的黏度、表面张力和弹性。要使玻璃材料达到挤出所需的流变性能,需要将其加热到一定温度,一般高于700 ℃,甚至高达1 500 ℃。这对喷嘴的耐热性能提出了很高要求。一般选用金属喷嘴,在温度比较高的情况下,需要使用陶瓷喷嘴。采用该工艺挤出的丝材可以为实心玻璃丝,也可通过改变喷嘴结构挤出空心玻璃丝。

3D打印玻璃制品可以大幅度缩短制作周期,提高制品精度,满足艺术品需求,极大程度上改变了传统制作过程中出现的弊端。它可以制作具有复杂内外表面的制品,这些制品具有特殊的光学特性,可用于光学领域。图2-33展示了3D打印的玻璃制品。

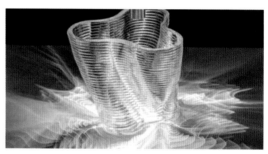

图2-33　具有光学特性的3D打印玻璃制品

2.4.3　金属材料

按照材料种类划分,3D打印金属材料可分为铁基合金、钛及钛基合金、镍基合金、钴铬合金、铝合金、铜合金及贵金属等。金属粉末材料结合3D打印技术可制造出各种复杂形状的零件,且其机械性能优良,具有强度高、硬度大的特点。

铁基合金是3D打印金属材料中研究较早、较深入的一类合金。比较常用的铁基合金有工具钢、316L不锈钢(图2-34)、M2高速钢、H13模具钢和15-5PH马氏体时效钢等。铁基合金使用成本较低、硬度高、韧性好,同时具有良好的机械加工性,特别适合于模具制造。

图2-34　3D打印316L不锈钢头盔和涡轮增压器压气机叶轮

　　钛及钛合金以其显著的比强度高、耐热性好、耐腐蚀、生物相容性好等特点,成为医疗器械、化工设备、航空航天及运动器材等领域的理想材料。然而,钛合金属于典型的难加工材料,加工时应力大、温度高,刀具磨损严重,这限制了钛合金的广泛应用。而3D打印技术特别适合钛及钛合金的制造:一是3D打印时材料处于保护气氛环境中,钛不易与氧、氮等元素发生反应,微区局部的快速加热和冷却也限制了合金元素的挥发;二是无须切削加工便能制造复杂的形状,且由于粉末或丝材的利用率高,不会造成原材料的浪费,大大降低了制造成本。目前,3D打印钛及钛合金的种类有纯Ti、Ti_6Al_4V(TC_4)和$Ti_6Al_7N_6$,已广泛应用于航空航天零件及人工植入体(如骨骼、牙齿等),如图2-35所示。

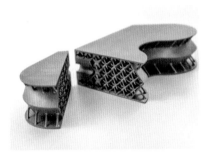

（a）航天卫星的钛金属镶件及内部轻量化结构

（b）钛合金航空发动机组件

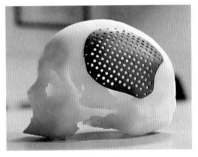

（c）头骨

（d）牙冠

图2-35　钛及钛合金3D打印制品

　　镍基合金是一类发展最快、应用最广的高温合金,其在650~1 000 ℃高温下有较高的强度和一定的抗氧化腐蚀能力,广泛用于航空航天、石油化工、船舶、能源等领域。例如,镍基高温合金可以用于航空发动机的涡轮叶片(图2-36)与涡轮盘。常用的3D打印镍基合金牌号有Inconel 625、Inconel 718及Inconel 939等。

图2-36　3D打印镍基合金叶片

钴基合金也可作为高温合金使用,但因资源缺乏,而发展受限。由于钴基合金具有比钛合金更良好的生物相容性,目前多作为医用材料使用,如牙科植入体和骨科植入体的制造。目前,3D打印常用的钴基合金牌号有Co212、Co452、Co502和CoCr28Mo6等。

铝合金密度低,耐腐蚀性能好,抗疲劳性能较高,且具有较高的比强度、比刚度,是一种理想的轻量化材料。3D打印中使用的铝合金多为铸造铝合金,常用牌号有$AlSi_{10}Mg$、$AlSi_7Mg$、$AlSi_9Cu_3$等。铝合金是现阶段应用最广、最为常见的汽车轻量化材料。有研究表明,铝合金在整车中使用可达540 kg,汽车将减重40%。奥迪、丰田等公司的全铝车身就是很好的例子。

金属3D打印是一种使用金属粉末直接打印金属零件的3D打印技术。金属粉末除须具备良好的可塑性外,还必须满足粉末粒径细小、粒度分布较窄、球形度高、流动性好、松装密度高、氧含量低、纯净度高等要求。一般金属颗粒直径应小于1 mm。金属材料3D打印技术主要包括直接金属粉末激光烧结(DMLS)、激光选区熔化(SLM)技术、激光近净成型(LENS)技术和电子束选区熔化(EBSM)技术等。也有部分金属,如贵金属金、银、铜等,对激光反射率比较高,可采用选区激光烧结技术(SLS)和材料挤出技术等进行成型。

金属材料挤出快速成型工艺有三种。第一种是熔融金属材料通过挤出机挤出直接成型,适合低熔点金属或合金的成型。但成型的金属制件表面一般比较粗糙,需要进行CNC加工。第二种是在PLA中加入一定比例的金属成分,形成一种金属聚合物混合线材。3D打印成物品后,再进行烧结等后处理,以获得金属件。这种金属成型方式相较于常用的激光选区熔化金属3D打印工艺,成本大幅度降低。但打印成品存在很大的体积收缩率(约40%)。第三种是制备金属材料浆料,然后在常温下挤出成型,最后再通过热处理工艺获得最终产品。图2-37所示为利用FDM成型的不锈钢重型柴油发动机托架。

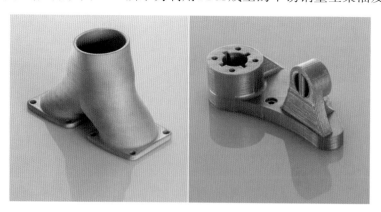

图2-37　FDM成型柴油发动机托架

其他金属材料,如铜合金、镁合金、贵金属等,虽然需求量不及上述介绍的几种金属材料,但也有其相应的应用前景。图2-38所示为3D打印的贵金属首饰。

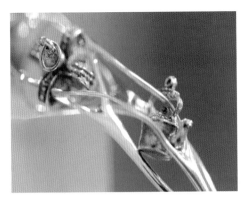

图2-38　3D打印的贵金属首饰

2.4.4　复合材料

复合材料是由两种或两种以上不同性质的材料,通过物理或化学的方法,在宏观或微观上组成具有新性能的材料。各种材料在性能上互相取长补短,产生协同效应,从而赋予复合材料单一材料所不具备的优异性能,使复合材料的综合性能优于原组成材料,以满足各种不同的要求。

复合材料的基体材料分为金属和非金属两大类。金属基体常用的有铝、镁、铜、钛及其合金;非金属基体主要有合成树脂、橡胶、陶瓷、石墨、碳等。增强材料主要有玻璃纤维、碳纤维、硼纤维、芳纶纤维、碳化硅纤维、石棉纤维、晶须、金属丝和硬质颗粒等。复合材料在材料挤出3D打印技术中应用广泛。

复合材料挤出成型工艺主要有三类:一是复合材料通过挤出机或毛细血管流变仪做成线材,然后进行打印;二是利用多喷头技术,同时进行多种材料打印,以获得各向异性的复合材料制品;三是材料挤出过程中,将增强材料与基体材料进行复合,然后进行打印,以获得增强复合材料制品。

在各种3D打印技术中,能够进行复合材料3D打印的主要有激光选区烧结(SLS)、熔融沉积成型(FDM)、分层实体制造(LOM)以及立体光刻技术(SL)。

FDM工艺制造复合材料制品是预先将纤维和树脂制备成预浸丝束,再将预浸丝束送入喷嘴。丝束在喷嘴处受热融化,然后进行逐层加工。

SLS制造复合材料制品的主要方法是混合粉末法,即基体粉末与增强体粉末混合。激光束按设计图纸的截面形状对特定区域的粉末进行加热,使熔点相对较低的基体粉末融化,从而把基体和增强体黏结起来,实现组分的复合。

LOM技术与FDM类似,需预先制备单向纤维/树脂的预浸丝束,并排制成无纬布(即预浸条带)。预浸条带经传送带送至工作台,然后进行打印。

利用SL制造复合材料制品,需将光敏聚合物与增强颗粒或纤维混合成混合溶液。利用紫外激光快速扫描存于液槽中的混合液,使光敏聚合物迅速发生光聚合反应,从而由液态变为固态。

复合材料利用不同成型工艺制作的作品如图2-39所示。

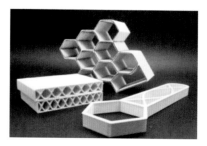

(a) 复合材料制品(FDM)

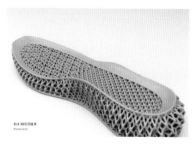

（b）鞋垫(SLS)　　　　（c）PEKK和碳纤维复合　　　（d）空客复合材料支架(SLS)
　　　　　　　　　　　　　材料飞机零件(SLS)

图2-39　复合材料3D打印制品

2.4.5　食品材料

近年来,3D打印在饮食方面的应用迅速崛起。到目前为止,已经成功打印出30多种不同的食品,它们主要分为六大类(图2-40):糖果(如巧克力、杏仁糖、口香糖、软糖、果冻);烘焙食品(如饼干、蛋糕、甜点);零食产品(如薯片、可口的小吃);水果和蔬菜产品(如各种水果泥、水果汁、蔬菜水果果冻或凝胶);肉制品(如不同的酱和肉类品);奶制品(如奶酪或酸奶)。

在食品3D打印技术中,最常用的是材料挤出技术。这种技术无须使用模具,可以制作出形状复杂、美观的食用产品,使得食品在外观上更加诱人。根据打印原料的性质,成型原理有所不同,主要有三种形式:常温挤出、加热熔融挤出和凝胶形成挤出。常温挤出的原料多采用黄油、芝士、面粉、鸡蛋、牛奶等,需要将上述原料混合均匀,形成均匀的固态、半固态或流体状的打印原料。加热熔融挤出成型的食品3D打印原料多为巧克力豆或巧克力粉,加热后呈现熔融状态,流动性好,容易成型。凝胶挤出成型的食品3D打印原料中含有具有物理凝胶特性的成分,在不同温度下呈现不同的状态。

打印原料状态不同,挤出原理也不相同,主要分为注射器式挤出、气压式挤出和螺杆式挤出。注射器式食品3D打印机适用于半固态和固态物料的挤出,例如土豆泥、豆沙、巧克力等原料。气压式挤出原理的食品3D打印机适合打印流体状物料,这些物料的流动性较好。3D打印的食品原料需要满足三个特性:打印性、适宜性和后加工性。

粉体凝结型打印是食品3D打印中常用的另一种打印形式。它通过将粉末按照设定的模型逐层凝结,最终形成一个完整的3D打印模型。与挤出型打印形式相比,该食品3D打印形式的打印速度较快,并可打印出形状较为复杂的食品。粉体凝结型打印主要有三种形式:选择性激光烧结(Selective Laser Sintering,SLS)、热空气熔融烧结(Selective Hot Air Sintering and Melting,SHASAM)和液体黏合(Liquid Binding,LB)。

食品3D打印的另一种成型方式为喷墨食品(Inkjet Printing,IJP)3D打印。喷墨食品是在已有的食品上加上装饰,是二维打印在食品中应用的延伸。

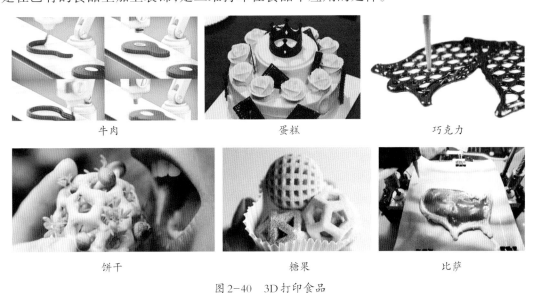

牛肉　　　　　　　　　蛋糕　　　　　　　　　巧克力

饼干　　　　　　　　　糖果　　　　　　　　　比萨

图2-40　3D打印食品

2.4.6　光敏树脂材料

光敏树脂,即UV树脂,是由聚合物单体与预聚体组成的,其中加有光(紫外光)引发剂(或称光敏剂)和稀释剂。在一定波长的紫外光(250～300 nm)照射下,它会立刻引起聚合反应并完成固化。光敏树脂一般为液态,通常用于制作高强度、耐高温、防水等类产品。

近年来,光敏树脂在3D打印这一新兴行业中因其优异的特性而备受青睐与重视。3D打印用的光敏树脂和其他行业使用的光敏树脂基本相同,由以下几个组分构成:光敏预聚体、活性稀释剂、光引发剂和光敏剂。但由于SLA(Stereolithography Appearance)所用的光源是单色光,不同于普通的紫外光,同时对固化速率又有很高的要求,因此用于SLA

的光敏树脂一般应具有黏度低、固化收缩小、固化速率快、溶胀小、高的光敏感性、固化程度高、湿态强度高等特性。

（1）黏度低。光固化成型是根据CAD模型，树脂层层叠加成型。当完成一层后，由于液态树脂表面张力大于固态树脂表面张力，液态树脂很难自动覆盖于已固化的固态树脂的表面，必须借助自动刮板将树脂液面刮平涂覆一次，而且只有待液面流平后才能加工下一层。这就需要树脂有较低的黏度，以保证其较好的流平性，便于操作。树脂黏度一般要求在600 cp(30 ℃)以下。

（2）固化收缩小。液态树脂分子间的距离是范德瓦耳斯力作用距离，约为0.3~0.5 nm。固化后，分子发生交联形成了网状结构，分子间的距离转化为共价键距离，约为0.154 nm。显然，固化后分子间的距离有所减小。分子间发生一次加聚反应距离就要减小0.125~0.325 nm。虽然在化学变化过程中C=C转变为C—C，键长略有增加，但对分子间作用距离变化的贡献很小，因此固化后必然出现体积收缩。同时，固化前后分子由无序转变为较有序，也会出现体积收缩。固化收缩对成型模型有不利影响，会产生内应力，易引起模型零件变形，产生翘曲、开裂等，严重影响零件的精度。因此，研究开发低收缩率的树脂是目前SLA技术面临的主要问题。

（3）固化速率快。光固化成型时一般以每层0.1~0.2 mm的厚度进行逐层固化，完成一个零件通常需要固化几百层甚至数千层。因此，若要在较短的时间内制造出实体，固化速率是非常重要的。固化速率低不仅影响固化效果，而且也直接影响到成型机的工作效率，很难适用于商业生产。

（4）溶胀小。在模型成型过程中，液态树脂一直覆盖于已固化的部分工件上，液态树脂会渗入固化件内，使得已经固化的树脂发生溶胀，引起零件尺寸增大。只有树脂的溶胀小，才能保证模型的精度。

（5）高的光敏感性。由于SLA所用的是单色光，这就要求感光树脂与激光的波长必须匹配，即激光的波长尽可能在感光树脂的最大吸收波长附近。同时，感光树脂的吸收波长范围应尽可能窄，这样才能保证仅在激光照射的点上产生固化，从而提高零件的制作精度。

（6）固化程度高。可以减少后固化成型模型的收缩，从而减少后固化变形。

（7）湿态强度高。较高的湿态强度可以保证后固化过程不产生变形、膨胀及层间剥离。

光敏树脂多用于对精度和表面要求较高的模型及比较复杂的设计产品，比如手板模型、精密零配件等。其手板模型、小批量成型等解决方案已广泛应用于汽车、医疗、日用电子产品、航空等领域,被应用到水流量分析、可存放的概念模型、风管测试、快速铸造模型、产品验证等,加快了研发速度,推动了相关行业的发展。图2-41为光敏树脂制作的制件。

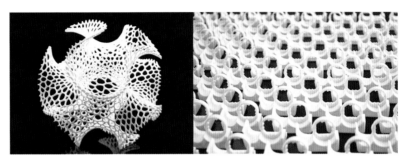

图2-41　光敏树脂成型件

光敏树脂的特点

(1)以光敏树脂为材料的光固化成型表面光滑、尺寸精度高,表面可进行喷漆和丝印处理。

(2)光敏树脂一般是液化状态,打印出来的模型通常具有高强度、高韧性、低气味、耐储存、通用性强、可装配等特点。

(3)光敏树脂受光的照射后凝固速度快,生产效率高。

(4)光敏树脂中的有机挥发物较少,对大气不会造成很大的污染,有利于保护环境。

(5)光敏树脂相对于其他大部分成型材料,成型价格较低。

2.4.7　生物材料

聚乙二醇双丙烯酸酯(PEGDA)是一种光固化水凝胶,具有生物相容性和良好的生物力学性能,可通过人工合成改变其理化性能。改性后的PEGDA可作为细胞的载体,能满足细胞对多水环境的需求,且能完成细胞和细胞质基质的营养交换及细胞代谢产物的排出,是组织工程支架的重要制备材料。

各种打印技术对应的可打印材料见第一章中的表1-1。

第三章 3D打印数据模型获取及切片

3D打印数据模型的获取方式主要有两种:在三维建模软件中构建模型,以及将现实世界中的某个物体,通过三维扫描仪制作成数字模型。获得三维模型数据后,将其导出为STL格式的文件,即可进行可打印化处理。

3.1 软件三维建模方法

在计算机图形学(Computer Graphics,CG)中,三维模型是指在专用软件中为某个表面或物体创建的数字形象。三维空间中的一系列点,由各种几何体连接(如三角形、线、弧面等),以此来代表一个物理实体。有些情况下,三维模型可以体现物体的大小、形状和纹理,而构建这种形象的过程即为三维建模。

三维建模其实就是一个"基准面、二维工程图、特征功能实体造型"循序渐进的过程。三维建模思路可分为三种,即基于基本几何体组合、二维草图绘制通过构建工具创建三维模型和通过模型编辑手段对已有模型进行编辑。基于基本几何体组合,即通过软件中基本几何体如球、柱体、棱锥等之间的相互组合,经过布尔运算(Boolean,如求和、相交、求差等),最终创建较复杂的三维模型;二维草图绘制通过构建工具创建模型,基本原理为二维图形沿三维路径移动形成体,基本过程是绘制二维线性封闭轮廓,再经过拉伸、回转、打孔、凸台等构建工具创建三维实体模型,比如圆柱体可由圆形沿轴向方向拉伸构成;通过模型编辑手段修改即在已有模型基础上修改,分为整体编辑和局部编辑两类。整体编辑是对模型部分进行平移、缩放、旋转等修改,局部编辑则涉及对描述模型的特征的改动。

三维建模方法包括多边形建模(Polygon Modeling)、曲面建模(NURBS Modeling)、参数化建模(Parametric Modeling)、细分曲面建模、实体建模(Solid Modeling)、逆向建模(Reverse Modeling)、直接建模、雕刻等。下面对比较常用的几种建模方法进行详细阐述。

3.1.1 多边形建模

多边形建模(Polygon Modeling)是目前三维软件中比较流行的建模方法。

多边形建模对象一般由点(Vertex)、边(Edge)、多边形面(Polygon)、整体元素-体(Element)、边界环(Border)构成。两点连成一条边,三条边构成一个面,两个面构成一个多边形,多个多边形构成一个实体,这是多边形建模的基础原理。这些子对象构成的可编辑多边形,即多边形建模(图3-1、图3-2)中描述模型的基础构成元素,通过对特定对象的调整实现模型的编辑。因为多边形的边为直线线段,所以这种建模方式多用于有棱角的模型。多边形建模获得的数字化模型参数由多边形的边进行描述。

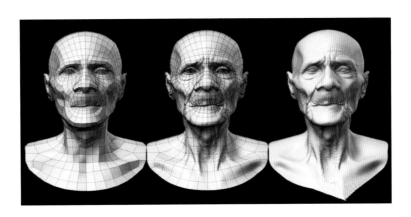

图 3-1　人物多边形建模

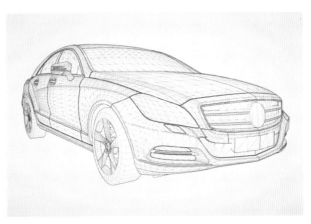

图 3-2　汽车多边形网格模型

多边形建模非常适合于对精度要求不高的建模,多用于影视、游戏。你所见过或玩过的几乎所有视频游戏或科幻电影,都离不开这项技术。从电影、游戏人物到各种三维资产,如武器、盔甲、车辆和整个虚拟世界,多边形模型都是由平面、二维几何、三角形或四边形组成,通过改变这些多边形来构建3D网格。与CAD建模不同,这种技术更多以概念为导向,而非测量,即更注重视觉效果,而非精确尺寸。

3.1.2　曲面建模

曲面建模(NURBS Modeling)是专门用于曲面物体的一种造型方法,它能够对物体各个表面或曲面进行精确描述。相较于多边形建模,曲面建模在模型表面增加了面、边的拓扑关系,因此可以进行消隐处理、剖面图的生成、渲染、求交计算、数控刀具轨迹的生成以及有限元网格划分等复杂作业。然而,模型表面仍缺少体的信息以及体、面间的拓扑关系,无法区分面的哪一侧是体内或体外,因此不能进行物性计算和分析。

NURBS建模的基本过程是从点创建曲线,再由曲线创建曲面,也可以通过抽取的方式创建曲面。创建曲线时,可以使用测量得到的点云来生成,也可以从光栅图像中勾勒出用户所需的曲线。根据创建的曲线,利用过曲线、直纹、过曲线网格、扫掠等选项,可以创建大面积的曲面。之后,利用渲染软件添加材质以及环境背光等,最终得出效果图。通过调节曲线的控制点,可以控制曲线的曲率、方向、长短,进而编辑曲面,进一步改变模型表面。简单地说,NURBS造型总是由曲线和曲面来定义,通过该方法可以制作出各种复杂的曲面造型,但要在NURBS表面里生成一条有棱角的边却非常困难。

曲面建模非常适合创建光滑物体的模型,如数码产品、汽车等。然而,这种建模方法的缺点也很明显,建模过程相对繁琐,且很难进行精准的参数化。从效率上看,它不及多边形建模;从精确度上看,它也不及参数化建模。因此,曲面建模更多地被用作视觉表现,也就是最终以生产效果图或视频表现为主。曲面建模的汽车模型如图3-3所示。

图3-3　曲面建模

3.1.3　参数化建模

参数化建模(Parametric Modeling)(图3-4),是20世纪末逐渐占据主导地位的一种计算机辅助设计方法(CAD),也是参数化设计的重要过程。在参数化建模环境里,零件是由一系列特征组成的。这些特征可以由正空间和负空间构成。正空间特征是指真实存在的块(如:突出的凸台),而负空间特征则是指被切除或减去的部分(如:孔、槽)。借助参数化建模,设计师可以使用特征和约束来捕获设计意图。对设计进行更改后,模型会自动更新,这使得用户更容易定义模型在进行某些更改后应有的行为方式。此外,参数化建模还允许用户轻松定义和自动创建同一系列的零件,与制造工艺完美结合,从而缩短了生产时间。

参数化建模技术非常适合涉及苛刻要求和制造标准的设计任务。此类建模方式多用于产品设计、室内设计、建筑设计、工业设计等领域,这些领域需要精确的尺寸来辅助设计。通过参数化建模,设计师创建的3D模型的所有参数都可以和实物完全相同,包括材料、重量、尺寸、光学参数、物理参数等。原型设计甚至可以直接输出到数控机床进行生产加工,或者直接进行3D打印。此外,参数化模型还可以用来运行复杂的模拟,比如装配试验、压力测试、液体流动情况等。通过模拟结果,可以帮助设计师评估不同的制造方式。

图 3-4　参数化建模

3.1.4　实体建模

现实世界的物体是具有三维形状和质量的,实体建模不仅描述了实体的全部几何信息,而且定义了所有的点、线、面、体的拓扑关系。它能够对实体信息进行全面完整的描述,并实现消隐、剖切、有限元分析、数控加工、外形计算以及对实体进行着色、光照及纹理处理等各种操作和处理。

实体建模(Solid Modeling)技术是20世纪80年代初期逐渐发展完善并推向市场的,目前已广泛应用于工程设计和制造的各个领域。早期的实体建模产品定义不完整,模型仅仅能定义产品的几何形状和拓扑关系,许多其他相关信息如公差与精度、材料性质、工艺与装配要求等并不包括在模型中。同时,数据的抽象层次较低,实体主要是几何概念,设计制造中的工程语义,如键槽、中心孔、装配关系等均不能表达。此外,它们支持产品设计、制造的程度也较差,如设计模型修改的效率低,设计信息的跟随性差等。针对实体建模的不足,目前许多CAD软件都采用了一种基于特征的参数化实体造型技术。在基于特征的参数化实体建模过程中,包括三项关键技术:特征建模技术、参数化技术和数据库联动技术。

特征建模技术主要涉及几何特征概念。所谓"几何特征",是指可以用参数驱动的构成实体模型的独立几何形状。零件的几何模型可以看成是由一系列的特征堆积而成,改变特征的形状或位置,就可以改变零件的几何模型。根据特征构造和组合的先后顺序,可以将特征分为基本特征与附加特征两类。基本特征能反映零件的主要体积(或质量)和零件的主要形状,是构造后续特征的基础。只有构造好基本特征之后,才能再创建其他各种特征,这些特征好像是附加在基本特征之上的,因而被称之为附加特征。在特征建模过程中,应用了布尔运算和模型树(Model Tree)技术。

参数化是指模型在尺寸、位置或形状上互相依赖的对象之间的关系,其本质是施加约束和约束满足。约束包括几何约束和尺寸约束两种,其中几何约束限制模型形状,尺寸约束限制模型大小。建立尺寸约束是限制图形几何对象的大小,也就是在图形上标注尺寸,并设置尺寸标注线的形式与尺寸。

数据库联动技术是指现代CAD软件均具备的由三维模型自动生成二维工程图的能力,即当创建完零件或部件的三维实体模型后,就可以切换到绘图模式下生成该零件或部件的二维工程图。这时,在绘图模式下,首先创建基本视图,接着由这个基本视图派生出各个相关视图,然后可以进行图形调整和编辑。根据需要,还可以通过添加标题栏、尺寸标注和注释说明等来进一步完善视图。

3.1.5 逆向建模

逆向建模(Reverse Modeling)是一种基于现实中存在的人物、物品进行逆向建模的方式。逆向建模的技术发展日新月异,目前已逐渐成熟。逆向建模技术包括点云逆向建模、照片逆向建模、三维扫描(图3-5)逆向建模等。通过扫描方式(如激光雷达扫描、照片环拍)生成模型,虽然目前技术还无法提供像参数化建模一样的精准尺寸模

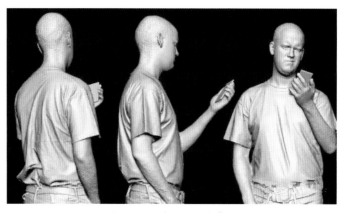

图3-5 三维扫描逆向建模

型,但借助实地测量结合逆向建模为最后的参数化建模提供建模依据是一个常用的方法。

逆向建模是一种不同的建模思路,无论采用何种逆向建模技术,最终都将转化为多边形或者三角面片的数字模型。生成的模型可用于数字可视化、影视、游戏等科研使用。逆向建模生成的模型通常面数非常高,需要多边形建模技术进行优化。

3.1.6 数字雕塑

数字雕塑常被3D艺术家用于游戏和动画电影的制作中,它最适合创建形状自然且线条圆润的超现实物体。这种方法也被广泛应用于创建设计、草图和3D打印的原型模型。数字雕塑的过程与用黏土或石头等真实材料进行雕刻非常相似,艺术家们使用类似刷子的雕刻工具,处理物体的多边形网格,通过推、拉、扭转各个几何部分来塑造形状,也能增加额外的几何结构来模仿自然物体的形态。

与多边形建模相比,数字雕塑需要更多的艺术技巧和细致入微的操作,同时也更加耗时。因此,在多数情况下,艺术家们会同时使用多种方法以完成最终的造型:首先对物体进行基本的建模,然后将其发送给三维雕塑家进行细节处理。在数字雕塑

软件中进行电视节目形象设计的场景如图3-6所示。

图3-6　数字雕塑设计

3.2　3D扫描数据获取与处理

获取三维模型数据的另一种途径是三维扫描。与CAD或多边形建模等建模方式不同,三维扫描可以为现实生活中的物体、人和环境制作精确的数字副本,无须从头开始设计。这种方法可以独立使用,但更多时候是作为已有建模工艺的补充,将扫描结果导出至CAD软件进行改造设计或检查,也可以导出至多边形建模或雕塑软件中进行进一步的润色和修改。

三维扫描采用的原理不同,扫描过程也有所不同。常见类型主要有结构光三维扫描仪、激光三角测量扫描仪、时差测距激光扫描仪等。通过扫描获得物体的三维数据,这些数据可用于从CAD到逆向工程、质量检测到遗产保护等多种场合。

三维测量和重建技术一般分为接触式测量和非接触式测量两种方法。其中,接触式测量技术的主要代表为三坐标测量机,虽然其精度很高,可达微米量级(0.5 mm),但由于体积较大、造价高昂以及不能测量柔软物体等缺点,其应用领域受到很大的限制。而三维扫描多指非接触式测量方法,虽然扫描的精度不及接触式测量,但速度更快,因此在三维模型重建中应用广泛。

非接触式三维扫描主要分为两类。一类是非结构照明的被动方式,这种方式不需要特定的光源,完全依靠物体所处的自然光条件进行扫描,常采用双目技术,但精度较低,只能扫描出具有几何特征的物体,并不能满足很多领域的要求。另一类是主动方式,这种方式会向物体投射特定的光,其中代表技术为激光线式的扫描,精度比较高。但是,因为每次只能投射一条光线,所以扫描速度慢。激光类三维扫描的原理如图3-7所示。另外,因为激光会对生物体以及比较珍贵的物体造成伤害,所以在某些特定领域的应用受到了限制。目前,主动式扫描多为结构光式的扫描,这种方式通过投影或者光栅投射多条光线,同时采集物体的一个表面,只需要几个面的信息就可以完成扫描。其最大的特点是扫描速度快,而且可实现编程控制。结构光类的三维扫描原理如图3-8所示。

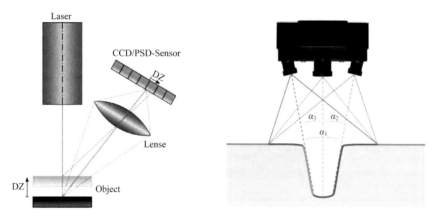

图3-7　激光类三维扫描原理　　　　　　　　图3-8　结构光类的三维扫描原理

3.2.1　数据获取

　　三维扫描仪的用途是创建物体几何表面的点云(Point Cloud)。这些点可用来插补成物体的表面形状,越密集的点云可以创建越精确的模型(这个过程称为三维重建)。若扫描仪能够获取表面颜色,则可进一步在重建的表面上粘贴材质贴图,亦即所谓的材质映射(Texture Mapping)。

　　三维扫描仪与照相机类似,它们的视线范围都呈现圆锥状,信息的搜集皆限定在一定的范围内。两者不同之处在于相机所抓取的是颜色信息,而三维扫描仪抓取的是三维坐标信息。由于三维扫描测得的结果含有深度信息,因此常以深度图像(Depth Image)或距离图像(Range Image)称之。

　　三维扫描仪的扫描范围有限,因此常需要变换扫描仪与物体的相对位置或将物体放置于电动转台(Electric Turn Table)上,经过多次的扫描以拼凑物体的完整模型。将多个片面模型集成的技术称为图像配准(Image Registration)或对齐(Alignment),其中涉及多种三维比对(3D-Matching)方法。

　　数据采集是指利用专业的扫描设备对处理对象进行扫描后获取物体的三维点位数据,形成点云的过程。常用的数据采集方式有集成式采集与非集成式采集两种。集成式采集需要利用特殊硬件及配套软件实现;非集成式的数据采集则是通过预处理、标定、预扫标记点、扫描激光面片(点)、拼接、联合点对象与封装、抽稀、网格化等进行处理。

　　下面以思看科技(杭州)公司生产的手持式激光三维扫描仪 HSCAN 为例(图3-9),来详细讲解三维扫描数据获取的基本步骤,以及获得扫描数据后的数据处理。

　　手持式激光三维扫描仪通常包括激光发射器、结构光投影器、两个(或以上)工业相机、用于进行三维数字图像处理的计算单元,以及用于标定上述设备的标定板及标记点等附件。工业相机基于机器视觉原理获得物体的三维数据,利用标记点信息进行数据自动拼接,实现基础的三维扫描和测量功能。手持式三维扫描仪携带方便,使用自由,具有很强的实用性。

思看科技(杭州)公司生产的手持式激光三维扫描仪采用多条线束激光来获取物体表面的三维点云。操作者手持扫描仪,实时调整扫描仪与被测物体之间的距离和角度,系统自动获取被测对象的三维表面信息。手持式激光三维扫描仪是一种利用双目视觉原理用来获得空间三维点云的仪器。工作时,它借助于贴在被扫描工件表面的反光标记点来定位。通过激光发射器发射激光,照射在被扫描工件表面,由两个经过校准的相机来捕捉反射回来的光,经计算得到工件的外形数据。

扫描仪的两个相机之间存在一定角度,两个相机的视野相交形成一个公共视野。在扫描过程中,要保证公共视野内存在四个及四个以上定位标记点,同时满足被扫描表面在相机的公共焦距范围内。扫描仪的公共焦距称为基准距,公共焦距范围称为景深。该设备基准距为300 mm,景深为250 mm,分布为–100~+150 mm,因此扫描仪工作时距离被扫表面距离范围为200~450 mm。距离因素在软件中显示为颜色浮标,如图3–10所示。

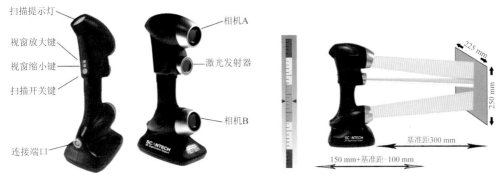

图3–9　HSCAN手持式激光三维扫描仪　　　　　图3–10　景深和基准距

1. 工件预处理

扫描仪是使用激光探测进行扫描的,因此,当被检测物体材质或表面颜色属于下列情况时,扫描结果会受到一定的影响。

透明材质:例如玻璃。若待扫描工件为玻璃材质,由于激光会穿透玻璃,使得相机无法准确地捕捉到玻璃所在的位置,因而无法对其进行扫描。

渗光材质:例如玉石、陶瓷等。对于玉石、陶瓷等材质工件,激光束投射到物体表面时会渗透到物体内部,导致相机所捕捉到的激光束位置并非物体表面轮廓,从而影响扫描数据精度。

高反光材质:例如镜子、金属加工高反光面等。镜子等高反光材质会对光线产生镜面反射,从而导致相机在某些角度无法捕捉到其反射光,因此无法获得这些照射条件下的扫描数据。

其他材质或颜色：如深黑色物体。由于黑色物体吸光，其反射到相机的光线信息变少，进而影响扫描效果。

若要对上述材质的工件进行扫描，则需要扫描前在工件表面喷反差增强剂，使工件可以对照射在其表面的激光进行漫反射，如图3-11所示。

图3-11　喷反差增强剂

在处理好的工件表面贴上合适的高反光标记点，一般要求每两个标记点之间间距30~250 mm，具体根据工件实际情况确定。如果表面曲率变化较小，距离可以适当大一些，最大距离250 mm；如果工件特征较多、曲率变化较大，可以适当减小距离，最小距离为30 mm。同时要注意所贴标记点要随机分布，避免规律排布。这是由于扫描仪是通过识别标记点组成的位置结构来进行相对定位的，若标记点排布规律，会增大标记点位置读取错误的概率，从而导致数据采集错误。还需要注意的是，标记点不宜贴在工件边缘。为了保证数据质量精度，工件上贴标记点的位置在最后输出点云数据的时候会被删除，形成一个孔，所以在贴点时，标记点须离开边缘2 mm以上，便于后期数据修补处理。

2. 标定

机器视觉测量中，被测物体表面上点的三维几何位置与其成像中的对应点之间的相互关系是由相机成像几何模型所决定的，模型的参数就是相机参数，确定这些参数的过程通常被称为相机标定。

在ScanViewer扫描软件中点击"快速标定"，弹出"快速标定"界面，如图3-12所示。

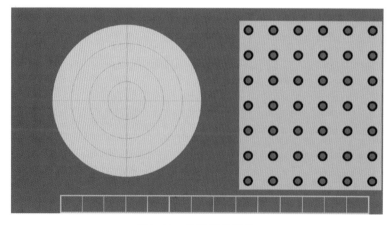

图3-12　快速标定界面

将标定板放置在稳定的平面,扫描仪正对标定板,距离400 mm左右,按一下扫描仪开关键,发射出激光束(以七条平行激光为例),如图3-13所示。

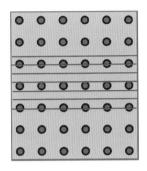

图3-13 标定板

控制扫描仪角度,调整扫描仪与标定板的距离,使得左侧的阴影圆重合;在保证左侧阴影圆基本重合的状态下,不改变角度,水平移动扫描仪,使右侧的梯形阴影重合,然后调整距离使其大小符合,如图3-14所示。

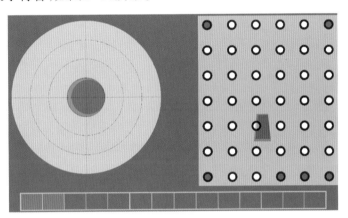

图3-14 竖直正面标定状态

依次进行右侧45° 标定、左侧45° 标定、上侧45° 标定和下侧45° 标定,标定完成,如图3-15所示。

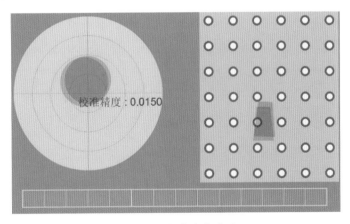

图3-15 标定完成界面

3. 预扫标记点

标定完成后,可以开始扫描。扫描时,先对工件表面的标记点进行采集扫描,建立工件的坐标、定位,该步骤称为预扫标记点。预扫标记点的作用是建立工件各个面的位置关系,采集定位的标记点,使得后续的扫描激光面片(点)更容易进行,也使得从面到面过渡更方便。预扫标记点可以使用软件的标记点优化功能,从而增加扫描的精度。点击"标记点",选择"开始",开始预扫标记点。扫描完成后点击"停止"—"优化",如图3-16所示。

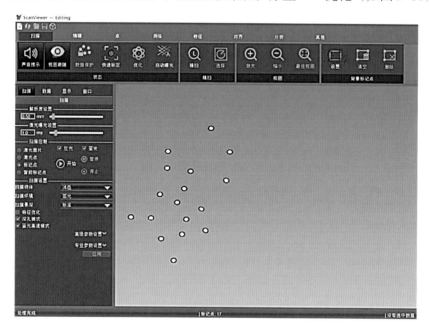

图3-16 预扫标记点

4. 扫描激光面片(点)

在扫描激光面片(点)之前,需要设置扫描参数(或使用参数的缺省值),如扫描分辨率、曝光参数设置、扫描控制、高级参数设置以及专业参数设置等。

扫描激光面片(点)时,要注意扫描仪的角度和扫描仪与工件间的距离,平稳移动扫描仪,使用激光将空白位置数据采集完全即可。扫描完成后点击"停止",软件开始处理所扫描的数据,等待数据处理完成,激光面片(点)扫描结束,如图3-17所示。

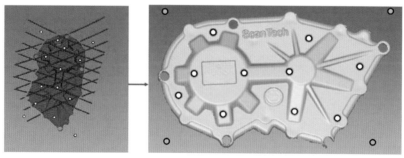

图3-17 扫描过程

3.2.2　数据处理

扫描结束后,数据可以保存为"工程文件、激光点文件",也可点击"点"进行一系列数据处理及优化操作。优化完成后,可以将其封装,生成"网格文件",如图3-18所示。

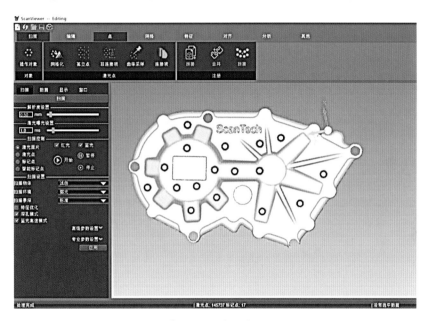

图3-18　网格化数据

3.2.2.1　点的处理

1. 孤立点

对已扫描完成的数据,点击"孤立点",在功能面板"窗口"处选择"灵敏度"值(灵敏度为0~100的数值,数值越大判定孤立点的条件越严格)。点击"确定",运行完成后即可看到数据中红色的"孤立点",如图3-19所示。后续可对孤立点进行相应操作,如删除等。

图3-19　选择"孤立点"操作

2. 非连接项

对已扫描完成的数据,点击"非连接项"(其功能面板窗口显示如图3-20所示),选择"分隔"等级。分隔等级分为低、中、高三类,选择的分隔等级越低,非连接项点云数据显示越多。点击"确定"后,非连接数据变成红色,可对其进行删除处理。

图3-20　选择"非连接项"操作

3. 曲率采样

对已扫描完成的数据,点击"曲率采样",选择"百分比",输入百分比值,点击"应用"。曲率采样百分比为50%以及100%两种情况下的曲率采样效果对比如图3-21所示。

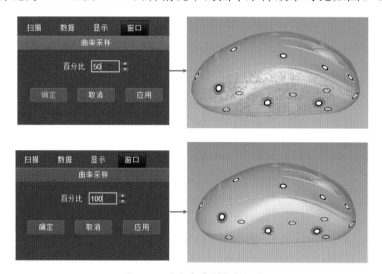

图3-21　"曲率采样"对比图

4. 拼接

拼接方式主要包括标记点拼接和激光点拼接两种。

（1）标记点拼接

第一步:打开需要拼接的两组标记点文件(以下以"大车1、大车2"为例进行说明),右击数据"大车1",选择"设置Test",右击数据"大车2",选择"设置Reference",如图3-22所示。

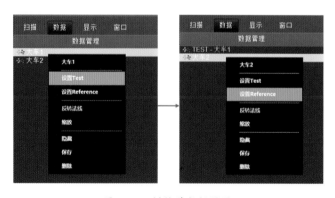

图3-22　拼接前数据设置

第二步:点击标记点拼接,选中需拼接的标记点,如图3-23所示。

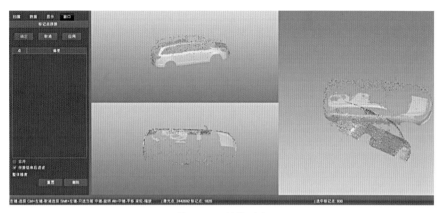

图3-23 拼接过程

第三步:检查并删除偏差较大的点,点击"合并—应用",如图3-24所示。

第四步:标记点拼接结果如图3-25所示。

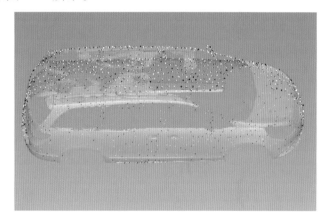

图3-24 "标记点拼接"窗口   图3-25 "标记点拼接"结果

（2）激光点拼接

第一步:打开需要拼接的两组激光点文件（以下以"佛1、佛2"为例进行说明）,右击数据"佛1",选择"设置Test",右击数据"佛2",选择"设置Reference",如图3-26所示。

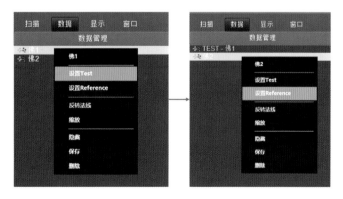

图3-26 拼接前数据设置

第二步：点击激光点拼接，分别选中图3-27中上面图①的3个参考点以及图②中3个测试点，点击"应用"，完成激光点拼接。

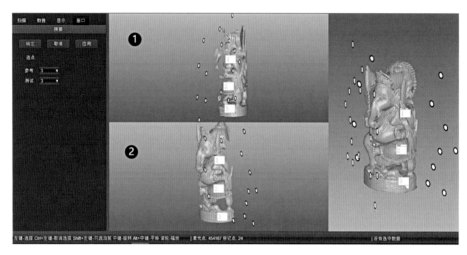

图3-27　"激光点拼接"数据

第三步：激光点拼接结果如图3-28所示。

5. 网格化

网格化的主要功能是将点云数据进行封装，使之变成面的形式存在。网格化的数据可以保存为.stl或.ply格式，文件可用于3D打印以及逆向工程等操作。

扫描完成后点击"停止—网格化"，在功能面板中弹出参数窗口，可以进行参数设置（一般选择默认设置），如图3-29所示。

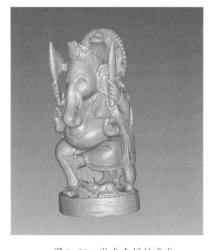

图3-28　激光点拼接完成

图3-29　"网格化"参数设置窗口

网格化过程中可选项有填补标记点、边缘优化、高精度模式、补小洞、最大边缘数、稀化强度、平滑等级以及优化等级等功能：

（1）填补标记点：在点云封装网格阶段，根据标记点位置，填补标记点所在区域的数据，以封装成完整网格。勾选填补标记点处理结果如图3-30所示。

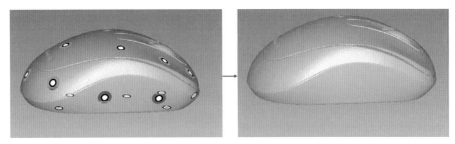

图 3-30　"填补标记点"处理结果

（2）边缘优化：对封装的网格数据边缘进行重新排列，以获得更加平滑的网格边缘数据。边缘优化后的模型文件处理结果如图 3-31 所示。

图 3-31　"边缘优化"处理结果

（3）高精度模式：在平滑的同时保持更高的细节度。

（4）补小洞、最大边缘数：在封装网格时填补边缘数小于阈值（软件默认值为 15 条边，用户也可以自定义）的小洞，以获得更完整的网格数据。补小洞处理结果如图 3-32 所示。

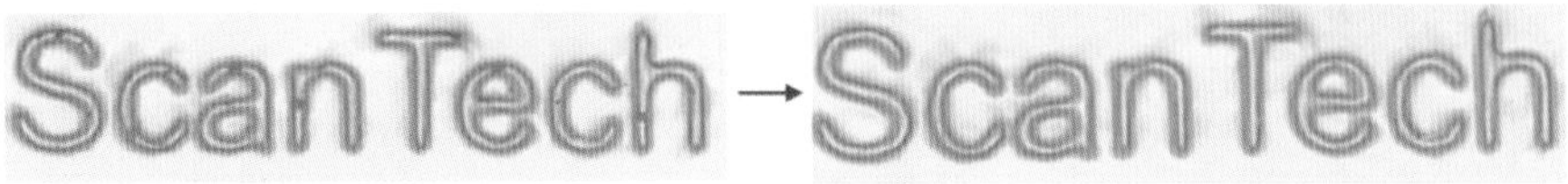

ScanTech → ScanTech

图 3-32　"补小洞"处理结果

（5）稀化强度：在网格封装时，根据稀化强度的不同，在平坦区域和特征区域减少不同的网格数量，以获得数据量较少的封装网格数据。

（6）平滑等级：调整网格顶点位置，以得到更加平滑的网格数据。参数有低、中、高，依次提高平滑网格强度，获得更加平滑光顺的网格数据。平滑等级处理结果如图 3-33 所示。

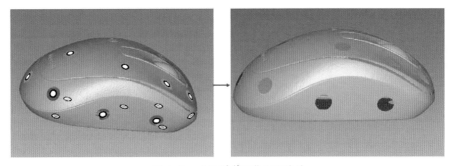

图 3-33　"平滑等级"处理结果

（7）优化等级：不断优化网格数据，使得网格表面更加平滑。在保留特征的同时，减少网格的数量。参数有低、中、高，依次提高优化网格强度，获得的网格数据在保证一定精度的前提下更加平滑光顺。优化等级处理结果如图3-34所示。

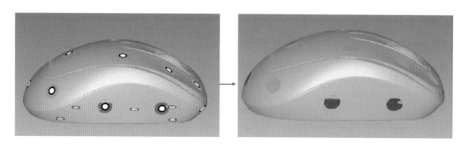

图3-34　"优化等级"处理结果

3.2.2.2　网格的处理

"网格"部分对扫描数据的处理主要包括补洞、简化、细化、去除特征等。

1. 补洞

选中将要补洞的扫描数据，点击"网格—补洞"（此时数据边界变成绿色，并且其他功能皆被锁定），选中需要填补的区域，点击"补洞"。补洞前后对比如图3-35所示。

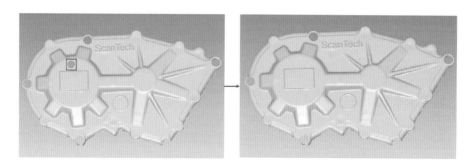

图3-35　"补洞"前后界面图

2. 简化

选中将要简化的网格数据，点击"简化"，选择参数（保留三角形数量或者百分比），点击"确定"，完成数据简化。简化前后对比如图3-36所示。

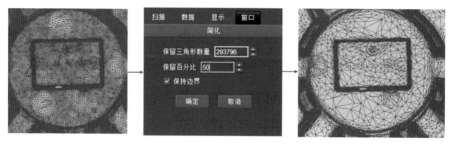

图3-36　"简化"前后对比图

3. 细化

选中将要细化的网格数据,点击"细化—应用",完成数据细化。细化前后对比图如图 3-37 所示。

图 3-37　"细化"前后对比图

4. 去除特征

打开需要去除特征的网格数据文件,选中需去除的特征后点击"去除特征",完成"去除特征"。去除特征前后对比如图 3-38 所示。

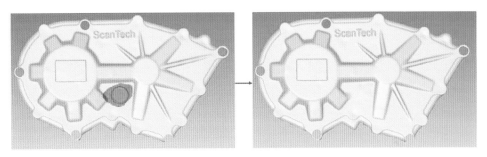

图 3-38　"去除特征"前后对比图

3.2.2.3　特征

"特征"主要包括圆、矩形槽、点、直线等特征的属性、特征构造、特征保存及特征抽取等应用方式。打开"模型文件"时,特征构造方式则会增加"CAD 选项",其他特征的属性及构造方式如表 3-1 所示。

表 3-1 特征属性及构造方式

特征	参数	构造方式
圆	有圆心坐标、方向、半径等	方式:参数、相交、拟合、选择点; 相交子方式:平面与圆柱、平面与圆锥、平面与球; 拟合子方式:拟合; 选择点子方式:三点。
椭圆槽	有中心点坐标、方向、主矢方向、长度、宽度等	方式:参数、拟合; 拟合子方式:椭圆槽。

（续表）

特征	参数	构造方式
矩形槽	有中心点坐标、方向、主矢、长度、宽度等	方式:参数、拟合; 拟合子方式:矩形槽。
圆形槽	有中心点坐标、方向、主矢、半径、长度、宽度等	方式:参数、拟合; 拟合子方式:圆形槽。
点	点坐标	方式:参数、对象、相交、投影、拟合; 对象子方式:圆心、平面中心、球心、直线中点、圆柱中点 相交子方式:两直线、直线与平面、三平面、直线与球; 投影子方式:点在直线的投影、点在平面的投影、点在球的投影、点在圆柱的投影、点在圆锥的投影; 拟合子方式:球心、圆锥锥点。
直线	起点坐标、终点坐标、方向、长度	方式:参数、对象、相交、投影、拟合、选择点; 对象子方式:圆法线、圆柱轴线、椭圆槽法线、椭圆槽主矢、圆槽法线、圆槽主矢、矩形槽法线、矩形槽主矢; 相交子方式:两平面; 投影子方式:直线在平面的投影; 拟合子方式:直线; 选择点:两点。
平面	坐标、方向、主矢、半径、长度、宽度等	方式:参数、对象、拟合、选择点; 对象子方式:圆平面、椭圆槽平面、圆槽平面、矩形槽平面; 拟合子方式:平面; 选择点子方式:三点。
球体	球心坐标、半径	方式:参数、拟合、选择点; 拟合子方式:球体; 选择点子方式:四点。
圆柱	基点、方向、半径、高度	方式:参数、拟合; 拟合子方式:圆柱。
圆锥	方向、半角、高度、基部半径、顶部半径	方式:参数、拟合; 拟合子方式:圆锥

特征构造包括相交方式、拟合方式、选择点方式、CAD方式、对象方式、投影方式6种方式。

1. 相交方式

相交方式包括直线与直线、直线与平面、直线与球以及三平面相交构造点,两平面相交构造直线以及平面与圆柱、平面与圆锥以及平面与球相交构造圆。

2. 拟合方式

拟合方式包括最小二乘法拟合构造、最小一乘法拟合构造、切比雪夫最佳拟合构造、最大内切圆拟合构造等。

最小二乘法拟合（又称最小平方法）是一种数学优化技术。它通过最小化误差的平方和寻找数据的最佳函数匹配。利用最小二乘法可以简便地求得未知的数据，并使之与实际数据之间误差的平方和为最小。

最小一乘法拟合只要求最小化误差的绝对值之和。它不要求随机误差服从正态分布，"稳健性"比最小二乘法高。在数据随机误差不服从正态分布时，本方法优于最小二乘法。

切比雪夫拟合：根据数学家切比雪夫的理论而命名，用于最小化最大值问题，即MinMax问题。

最大内切圆拟合：根据实际数据拟合构造最大的内切圆。

3. 选择点方式

选择点方式包括三点构造平面、三点构造圆、四点构造球等。

4. CAD方式

CAD方式即通过在CAD数据中点击鼠标选择特征所在的面、线或点来创建特征。

5. 对象方式

对象方式即从已构造的特征中获取点、线、平面。构造点一般为圆心、球心、中心点等；构造直线一般为轴线或二维特征的法向；构造平面一般为二维特征所在平面。

6. 投影方式

包括点在直线上的投影点和点在平面内的投影点构造点，以及直线在平面内的投影直线构造直线。

以圆、点、线三种常见的特征为例，具体介绍其特征构造。

1. "圆"特征构造

（1）参数：点击"圆"，选择"参数"，输入坐标、方向、半径值，点击"创建—确定"，如图3-39所示。

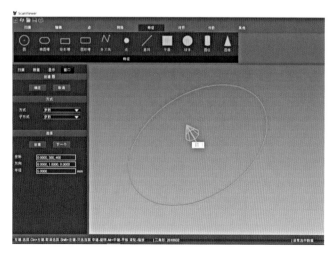

图3-39　"圆"参数创建

（2）相交：点击"圆"，选择"相交"，包括"平面与圆柱""平面与圆锥""平面与球"3种子方式。下面以"平面与圆柱"相交方式构造圆为例，分别创建一个平面与圆柱。具体创建步骤如下：

第一步：点击"平面"—方式"拟合"—"创建"—"确定"，即可出现一个平面特征，如图3-40所示。

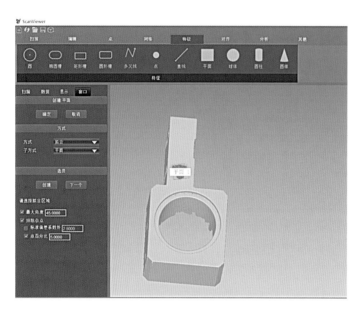

图3-40　构造平面特征

第二步：点击"圆柱"—方式"拟合"—"创建"—"确定"，即可出现一个圆柱特征，如图3-41所示。

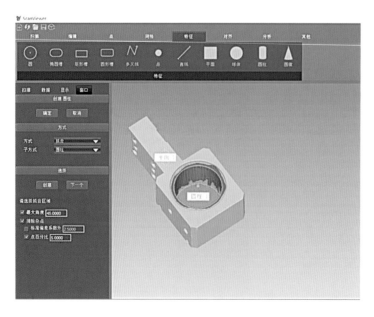

图3-41　构造圆柱特征

　　此时,平面以及圆柱特征构造完成。点击"圆"—方式"相交",分别点击平面及圆柱,最后点击"创建—确定",完成以相交方式构造圆的特征,如图3-42所示。

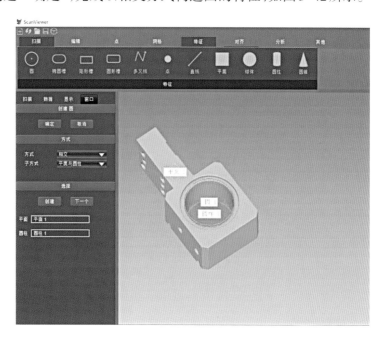

图3-42　"圆"参数相交

　　(3)拟合:点击"圆"—方式"拟合",在选择拟合区域中,分为最小二乘最佳拟合、最小一乘最佳拟合、切比雪夫最佳拟合、最大内切圆拟合4种拟合方式。其中,"最小一乘最佳拟合"可选用的子方式有"内部、中部","切比雪夫拟合"可选用的子方式有"内部、中部、外部"等。以下使用"最小二乘最佳拟合"创建方式,如图3-43所示。

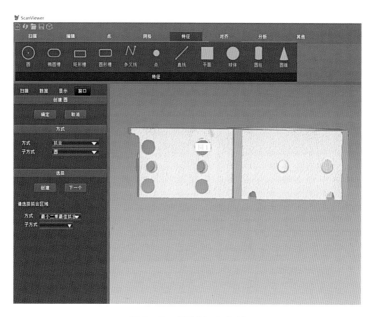

图3-43　"圆"拟合构造

（4）选择点：点击"圆"，选择方式"选择点"，子方式"三点"，点击"创建—确定"，完成以三点方式构造圆特征，如图3-44所示。

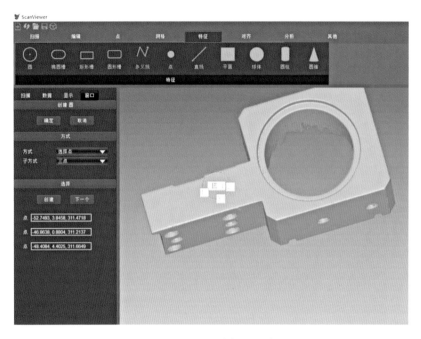

图3-44　"圆"选择点构造

（5）在某些应用场合，构造出来的特征可能与实际的法向相反。特征抽取功能有时就需将特征的方向"反转"。点击数据"圆1"—"属性"—"反转"—"确定"即可，如图3-45所示。

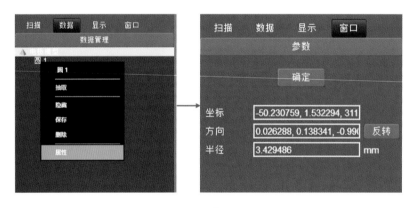

图3-45　特征反转

⑥ 构造的特征可以保存为.step或.iges格式文件。其中，圆、椭圆槽、矩形槽、圆槽、多义线、点、直线构造的特征保存为.iges格式文件；平面、球、圆柱、圆锥构造的特征保存为.step格式文件。

2."点"特征构造

"点"构造特征包括参数、相交、拟合、对象以及投影构造方式。其中，参数、相交、拟合原理同"圆"特征构造。下面主要介绍对象、投影构造方式。

（1）对象：先构造一个特征"圆"，点击"点"—方式"对象"—子方式"圆心"（可按照具体特征选择）—"创建"—选中"圆1"数据—点击"确定"即可，如图3-46所示。

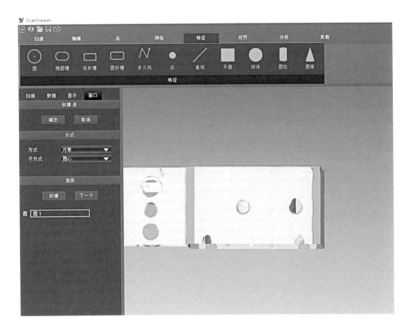

图3-46　"点"对象方式构造

（2）投影：先同上"①对象"构造点特征，再构造一个"平面"特征。选择"点"—方式"投影"—子方式"点在平面的投影"，点击"点1"及"平面1"，"点2"为"点1"在"平面1"上的投影点，如图3-47所示。

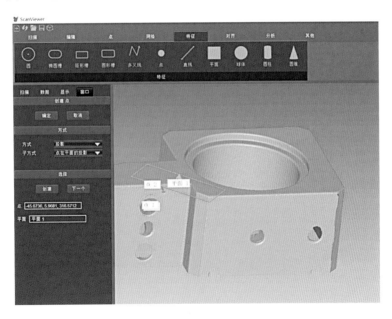

图3-47　"点"投影方式构造

3. "多义线"特征构造

（1）选择需要构造"多义线"的数据，点击"多义线"，选择"起点""终点"，输入"步长""半径"参数。步长输入的数据为分辨率的2～5倍，半径输入数据的实际半径值，如图3-48所示。

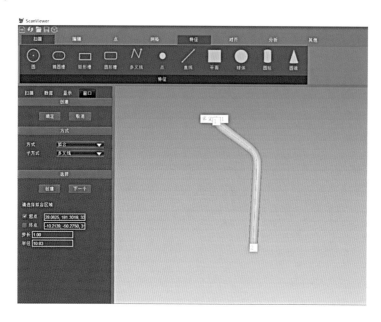

图3-48 "多义线"特征构造

（2）点击"创建"—"确定"，构造出的多义线如图3-49所示。鼠标右击"多义线1"进行保存，选择保存类型为"多义线文件（.iges）"进行保存。

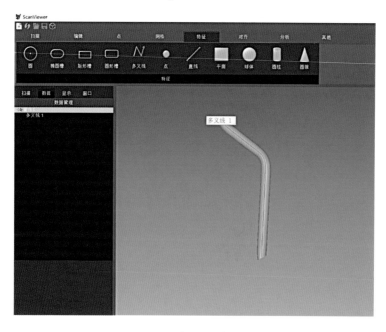

图3-49 "多义线"特征构造

3.3　常用三维建模软件

近年来,各种三维建模软件在国内得到广泛应用,国内在三维软件方面的研发也日益成熟。随着3D技术的蓬勃发展,面向各种需求的、五花八门的3D建模软件纷纷进入我们的生活。本节将从应用方向出发,分类列举常用的3D建模软件,并着重介绍目前应用最为广泛的几款3D建模软件。

3.3.1　三维建模软件分类

1.通用全功能3D设计软件

（1）3DS Max

3D Studio Max,简称3DS Max,是当今世界上销售量最大的三维建模、动画及渲染软件。它最早应用于计算机游戏中的动画制作,后开始参与影视片的特效制作,例如《X战警》《最后的武士》等。

（2）Maya

Maya是世界顶级的三维动画软件,应用对象是专业的影视广告、角色动画、电影特技等。Maya功能完善,工作灵活,易学易用,制作效率极高,渲染真实感极强,是电影级别的高端制作软件。

（3）Rhino

Rhinocero,简称Rhino,又叫犀牛,是一款三维建模工具。它的基本操作和AutoCAD有相似之处,拥有AutoCAD基础的初学者更易于掌握。Rhino目前广泛应用于工业设计、建筑、家具、鞋模设计,擅长产品外观造型建模。

（4）Google Sketchup

Sketchup是一套直接面向设计方案创作过程的设计工具,其创作过程不仅能够充分表达设计师的思想,而且完全满足与客户即时交流的需要。它使得设计师可以直接在电脑上进行十分直观的构思,使用简便,是三维建筑设计方案创作的优秀工具。Sketchup创建的3D模型可直接输出至Google Earth。

（5）Poser

Poser是Metacreations公司推出的一款三维动物、人体造型和三维人体动画制作的软件。Poser能为三维人体造型增添发型、衣服、饰品等装饰,让人们的设计与创意轻松展现。

（6）Blender

Blender是一款开源的跨平台全能三维动画制作软件,提供从建模、动画、材质、渲染到音频处理、视频剪辑等一系列动画短片制作解决方案。Blender不仅支持各种多边形建模,也能做出动画,可以被用来进行3D可视化,同时也可以创作广播和电影级品质的视频。另外,内置的实时3D游戏引擎让制作独立回放的3D互动内容成为可能。

（7）FormZ

FormZ是一个备受赞赏的、具有很多广泛而独特的2D/3D形状处理和雕塑功能的多用途实体和平面建模软件。对于需要经常处理有关3D空间和形状的专业人士(如建筑师、景观建筑师、城市规划师、工程师、动画和插画师、工业和室内设计师)来说,它是一个有效率的设计工具。

（8）LightWave 3D

LightWave 3D是由美国NewTek公司开发的,是一款高性价比的三维动画制作软件,被广泛应用在电影、电视、游戏、网页、广告、印刷、动画等各领域。LightWave 3D操作简便,易学易用,在生物建模和角色动画方面功能异常强大。基于光线跟踪、光能传递等技术的渲染模块,令它的渲染效果近乎完美。

（9）C4D

C4D全名为CINEMA 4D,是由德国MAXON公司1989年开发的3D动画软件。它具有能够进行顶级的建模、动画和渲染的3D工具包。这款软件容易学习,容易使用,非常高效,是一款享有电影级视觉表达能力的3D制作软件。C4D由于其出色的视觉表达能力已成为视觉设计师首选的三维软件。C4D技术现在流行于电商设计,在平面设计、UI设计、工业设计、影视制作方面也得到广泛运用。很多电影大片的人物建模也都是用C4D来完成。

2. 行业性的3D设计软件

（1）AutoCAD

AutoCAD是Autodesk公司的主导产品,用于二维绘图、详细绘制、设计文档和基本三维设计,目前已成为国际上广为流行的绘图工具。AutoCAD具有良好的用户界面,通过交互菜单或命令方式便可以进行各种操作。它的多文档设计环境,让非计算机专业人员也能很快地学会使用。

（2）CATIA

CATIA属于法国达索(Dassault Systemes S.A)公司,是高端的CAD/CAE/CAM一体化软件。20世纪70年代,CATIA的第一个用户就是世界著名的航空航天企业Dassault Aviation。目前,CATIA强大的功能已得到各行业的认可,其用户包括波音、宝马、奔驰等知名企业。

（3）UG NX

UG（Unigraphics NX）是Siemens公司出品的一款高端软件，它为用户的产品设计及加工过程提供了数字化造型和验证手段。UG最早应用于美国麦道飞机公司，目前已经成为模具行业三维设计的主流应用之一。

（4）Solidworks

Solidworks属于法国达索（Dassault Systemes S.A）公司，专门负责研发与销售机械设计软件的视窗产品。Solidworks帮助设计师减少设计时间，增加精确性，提高设计的创新性，并将产品更快推向市场。Solidworks是世界上第一个基于Windows开发的三维CAD系统。该软件功能强大，组件繁多，使得Solidworks成为领先的、主流的三维CAD解决方案。

（5）Pro/E

Pro/Engineer（简称Pro/E）是美国PTC公司研制的一套由设计至生产的机械自动化软件，广泛应用于汽车、航空航天、消费电子、模具、玩具、工业设计和机械制造等行业。

（6）Cimatron

Cimatron是以色列Cimatron公司（现已被美国3D Systems公司收购）开发的软件。该系统提供了灵活的用户界面，主要用于模具设计、模型加工，在国际模具制造业备受欢迎。Cimatron公司团队基于Cimatron软件开发了金属3D打印软件3DXpert。这是全球第一款覆盖了整个设计流程的金属3D打印软件，从设计直到最终打印成型，甚至是在后处理的CNC处理阶段，3DXpert软件也能够发挥它的作用。

3. 3D雕刻建模软件：笔刷式高精度建模软件

（1）ZBrush

美国Pixologic公司开发的ZBrush软件是世界上第一个让艺术家感到无约束自由创作的3D设计工具。ZBrush能够雕刻高达10亿个多边形的模型，因此说限制只在于艺术家自身的想象力。

（2）Mudbox

Mudbox是Autodesk公司的3D雕刻建模软件，它与ZBrush相比各有千秋。在一些人看来，Mudbox的功能甚至超过了ZBrush。

（3）Meshmixer

Meshmixer是Autodesk公司开发的一款笔刷式3D建模工具，它能让用户通过笔刷式的交互来融合现有的模型，创建3D模型（似乎是类似于Poisson融合或Laplacian融合的技术），比如类似"牛头马面"的混合3D模型。最新版本的Meshmixer还添加了3D打印支撑优化新算法。

（4）3D-Coat

3D-Coat是由乌克兰开发的数字雕塑软件。3D-Coat是专为游戏美工设计的软件,它专注于游戏模型的细节设计,集三维模型实时纹理绘制和细节雕刻功能于一身,可以加速细节设计流程,在更短的时间内创造出更多的内容。只需导入一个低精度模型,3D-Coat便可为其自动创建UV,一次性绘制法线贴图、置换贴图、颜色贴图、透明贴图、高光贴图。

（5）Sculptris

Sculptris是一款虚拟建模软件,其核心重点在于建模黏土的概念,比较适合创建小雕像。

（6）Modo

Modo是一款高级多边形细分曲面软件,集建模、雕刻、3D绘画、动画与渲染于一身的综合性3D软件。该软件具备许多高级技术,诸如N-gons(允许存在边数为4以上的多边形),多层次的3D绘画与边权重工具,可以运行在苹果的Mac OS X与微软的Microsoft Windows操作平台。

4. 基于照片的3D建模软件

（1）Autodesk 123D Catch

Autodesk 123D Catch是建模软件的重点,用户使用相机或手机来从不同角度拍摄物体、人物或场景,然后上传到云端。该软件利用云计算的强大计算能力,在几分钟内即可将照片转换为3D模型,而且还自动附带纹理信息。但是其生成的3D模型几何细节不多,主要是通过纹理信息来表现真实感,转化过程比较不稳定,存在转化失败的情况。

（2）3DSOM Pro

3DSOM Pro是一款从高质量的照片来生成3D建模的软件,它可以通过一个真实物体的照片来进行3D建模,并且制作的模型可以在网络上以交互的方式呈现。

（3）PhotoSynth

PhotoSynth是微软开发的一款软件,可将大量的照片进行3D处理,但它并不是真正创建3D模型,而是根据照片之间的相机参数及空间对应关系,建构一个虚拟的3D场景,使得用户能够从不同角度和位置来观看该场景,而显示的场景图像是由给定的照片所合成的。

5. 基于扫描（逆向设计）的3D建模软件

（1）Geomagic

Geomagic（俗称"杰魔"）,包括系列软件Geomagic Studio、Geomagic Control和Geomagic Wrap。其中,Geomagic Studio是被广泛使用的逆向工程软件,具有下述所有特

点:确保完美无缺的多边形和NURBS模型处理复杂形状或自由曲面形状时,生产效率比传统CAD软件提高数倍;可与主要的三维扫描设备和CAD/CAM软件进行集成;能够作为一个独立的应用程序运用于快速制造,或者作为对CAD软件的补充。

（2）ImageWare

ImageWare由美国EDS公司出品,后被德国Siemens PLM Software所收购,现在并入旗下的NX产品线,是最著名的逆向工程软件。ImageWare因其强大的点云处理能力、曲面编辑能力和A级曲面的构建能力而被广泛应用于汽车、航空、航天、消费家电、模具、计算机零部件等设计与制造领域。

（3）RapidForm

RapidForm是韩国INUS公司出品的逆向工程软件,提供了新一代运算模式,可实时将点云数据运算出无接缝的多边形曲面,使它成为3D扫描数据的最佳化的接口,是很多3D扫描仪的OEM软件。

（4）ReconstructMe

ReconstructMe是ProFactor公司开发的一个功能强大且易于使用的三维重建软件,能够使用微软的Kinect或华硕的Xtion进行实时3D场景扫描(核心算法是Kinect Fusion),几分钟就可以完成一张全彩3D场景。ReconstructMe Qt提供了一个实时三维重建利用ReconstructMe SDK(开源)的图形用户界面。

（5）Artec Studio

Artec公司出品的Artec Eva、Artec Spider等手持式的结构光3D扫描仪,重量轻且易于使用,成为许多3D体验馆扫描物体的首选产品。同时,Artec公司还开发了一款软件——Artec Studio,可以和微软的Kinect或华硕的Xtion以及其他厂商的体感周边外设配合使用,使其成为三维扫描仪。Kinect通过Artec Studio可以完成模型扫描,然后进行后期处理,填补漏洞、清理数据、进行测量、导出数据等。

（6）PolyWorks

PolyWorks是加拿大InnovMetric公司开发的点云处理软件,提供工程和制造业3D测量解决方案,包含点云扫描、尺寸分析与比较、CAD和逆向工程等功能。

（7）CopyCAD

CopyCAD是由英国DELCAM公司出品的功能强大的逆向工程系统软件,它能允许从已存在的零件或实体模型中产生三维CAD模型。该软件为来自数字化数据的CAD曲面的产生提供了复杂的工具。CopyCAD能够接收来自坐标测量机床的数据,同时跟踪机床和激光扫描器。

6. 基于草图的3D建模软件

（1）SketchUp

SketchUp是一套面向普通用户的易于使用的3D建模软件。使用SketchUp创建3D模型如同使用铅笔在图纸上作图一般，软件能自动识别所画的线条并加以自动捕捉。它的建模流程简单明了，就是画线成面，而后拉伸成体，这也是建筑或室内场景建模最常用的方法。

（2）Teddy

Teddy是一款基于草图的3D建模软件，可以通过绘制自由形状笔画来制作有趣的3D模型。Teddy需要在机器上安装Java，主要是为Windows设计的。

（3）EasyToy

EasyToy是一款3D建模软件，它使用基于草图的建模方法和3D绘画方法。用户界面非常友好，操作非常简单。通过组合几个简单的操作，可以快速创建复杂的3D模型。与现有的3D系统相比，EasyToy易于学习且易于使用。EasyToy具有广泛的应用，包括玩具设计、图形、动画和教育。

（4）Magic Canvas

Magic Canvas是一款可以从手绘草图中交互设计三维场景原型的软件，它将场景中模型的简单2D草图作为3D场景构造的输入。然后，系统自动识别数据库中的相应模型与用户输入的草图相匹配。

（5）FiberMesh

FiberMesh是一款专门的网格生成工具，它可以动态创建真实几何体，也可以作为新的SubTool添加到现有模型中。在FiberMesh子调色板中的设置，可以为纤维、头发、毛发甚至植被生成完全不同的形状。

7. 其他3D建模软件

（1）人体建模软件

构建人体模型及动画，首推Metacreations公司的Poser软件（俗称"人物造型大师"）和开源的MakeHuman软件。这两款软件都是基于大量人类学形态特征数据，可以快速形成不同年龄段的男女脸部及肢体模型，并对局部体形进行调整，可以轻松快捷地设计人体造型、动作和动画。

（2）城市建模软件

加拿大Esri公司的CityEngine是三维城市建模的首选软件，可以利用二维数据快速创建三维场景，并能高效地进行规划设计。它应用于数字城市、城市规划、轨道交通、管线、建筑、游戏开发和电影制作等领域。另外，CityEngine对ArcGIS的完美支持，使很多已有的基础GIS数据无须转换即可迅速实现三维建模,缩短了三维GIS系统的建设周期。该软件早期是ETH Zurich大学的Pascal Mueller研究小组创办的Procedural公司开发的,后被Esri公司收购。

（3）网页3D (Web3D)建模工具

一些基于网页(web)开发的3D模型设计软件,即基于WebGL,可以在浏览器中完成3D建模的工具。比如3DTin、TinkerCAD(被Autodesk收购)等,它们的界面简单直观,有Chrome等浏览器插件,可以在线生成3D模型,直接存在云端,并在社区分享模型。

（4）其他小巧的3D建模软件

这些软件大部分都非常小巧,而且是开源且完全免费的。有许多媒体工作者和艺术家用这些小软件来制作3D作品,其中Blender、K-3D、Art of Illusion、Seamless3d、Wings3D等软件的使用面稍微广泛些。

8. 虚拟现实软件和平台

虚拟现实软件本质上不是用于3D建模的,而是用来对生成好的3D模型和场景提供关于视觉、听觉、触觉等虚拟的模拟,让用户如同身临其境一般。相关软件也有很多,以下只大致提及几个比较常见的。

（1）VirTools和Quest3D

法国VirTools公司的VirTools和美国Act-3D公司的Quest3D都是比较权威的虚拟现实制作软件。简单来说,它们是工业或游戏用的实时图形渲染引擎,是3D虚拟和互动技术的集成工具。可以让没有程序基础的美术人员利用内置的行为模块快速制作出许多不同用途的3D产品,如国际网络、计算机游戏、多媒体、建筑设计、交互式电视、教育训练、仿真与产品展示等。

（2）Unity3D

Unity Technologies开发的Unity3D (U3D)是最近几年研发出来的,是一个全面整合的专业虚拟3D和游戏引擎。它在制作虚拟现实及3D游戏方面上手非常容易,操作简单,互动性好,具有强大的地形渲染器。

（3）Vega

Vega是MultiGen-Paradigm公司开发的用于实时视觉模拟和虚拟现实应用的开发引擎,提供很多的C/C++语言的应用程序接口API。结合其应用程序的图形用户GUI界面软件LynX,可以迅速创建各种实时交互的3D环境。

（4）OSG

OSG (Open Scene Graph)是一套开源的基于C++平台的应用程序接口API,能够让开发者快速、便捷地创建高性能、跨平台的交互式图形程序。它将3D场景定义为空间中一系列连续的对象，能够对3D场景进行有效的管理。由于OSG是开源和完全免费的，很多3D应用的软件都选用OSG作为基础架构。

下面介绍的几款软件主要是面向学校教育以及个人爱好者的简单三维软件。

（1）Tinkercad

Tinkercad是一款基于网页的3D建模工具，设计界面色彩鲜艳可爱，如搭积木般简单易用，适合青少年儿童使用并进行建模。

（2）123D Design

123D Design通过简单图形的堆砌和编辑生成复杂形状。

（3）123D Sculpt

123D Sculpt是一款运行在iPad上的应用程序，它可以让每一个喜欢创作的人轻松创作出属于自己的雕塑模型。

（4）123D Creature

123D Creature可根据用户的想象来创造各种生物模型。无论是现实生活中存在的，还是只存在于想象中的，都可以创造出来。

（5）123D Make

123D Make将三维模型转换为二维图案，利用硬纸板、木料再现模型。它可创作美术、家具、雕塑或其他简单的物体。

（6）123D Catch

利用云计算的强大能力，可将数码照片迅速转换为逼真的三维模型。只要使用相机、手机或高级数码单反相机抓拍物体、人物或场景，就可利用123D Catch将照片转换成生动鲜活的三维模型。除PC外，123D Catch现已推出手机APP，手机也能实现三维扫描仪的功能。

3.3.2　常用3D建模软件介绍

1. SolidWorks

SolidWorks是法国达索（Dassault Systemes S.A）公司开发的一种专门负责研发与销售机械设计软件的视窗产品。SolidWorks可帮助设计师减少设计时间，增加精确性，提高设计的创新性，并将产品更快推向市场。SolidWorks是世界上第一个基于Windows开发的三维CAD系统。该软件功能强大，组件繁多，使得SolidWorks成为领先的、主流的三维CAD解决方案。SolidWorks能够提供不同的设计方案、减少设计过程中的错误以及提高产品质量。SolidWorks 2019的操作界面如图3-50所示。

图 3-50　SolidWorks 2019 操作界面

SolidWorks 软件的优势在于：它是基于 Windows 系统的全参数化特征造型软件，可以十分方便地实现复杂的三维零件实体造型、复杂装配和生成工程图。它包括了零件模块、曲面模块、钣金模块和模型渲染等主要模块，图形界面友好，用户上手快。在进行一些较为简单的模型建模时，相比其他设计软件，SolidWorks 软件的步骤更为简单。设计同样的模型效果，使用 SolidWorks 软件建模时间更短，步骤更少，这也是 SolidWorks 软件得到广泛应用的主要原因。

在 SolidWorks 的装配设计中可以直接参照已有的零件模型生成新的零件模型。无论是采用"自顶而下"还是"自底而上"的设计方法进行装配设计，SolidWorks 均能够以其易用的操作而大幅提高设计的效率。SolidWorks 拥有全面的零件实体建模功能，其丰富程度甚至出乎设计者的期望。用 SolidWorks 的标注和细节绘制工具，能快捷地生成完整的、符合实际产品表示的工程图纸。SolidWorks 具有全相关的钣金设计能力。钣金件的设计既可以先设计立体的产品也可以先按平面展开图进行设计。

SolidWorks 软件提供完整的、免费的开发工具(API)，用户可以用微软的 Visual Basic、Visual C++ 或其他支持 OLE 的编程语言建立自己的应用方案。通过数据转换接口，SolidWorks 可以很容易地将目前市场几乎所有的机械 CAD 软件集成到当前的设计环境中来。

该设计软件在低端设计领域的优势不言而喻，但也存在一些较大的缺点，例如在一些高级曲面设计领域，该软件就显得力不从心。另外，SolidWorks 软件最大的缺点是它对硬件的要求非常高，当设计的模型文件较大时会导致软件崩溃或者系统崩溃，严重时甚至导致电脑死机，因此 SolidWorks 软件主要应用于中低端产业设计领域。

2. AutoCAD

AutoCAD(Auto Computer Aided Design)是 Autodesk(欧特克)公司于1982年开发的自

动计算机辅助设计软件,用于二维绘图、详细绘制、设计文档和基本三维设计,现已成为国际上广为流行的绘图工具。AutoCAD具有友好的用户界面,通过交互菜单或命令行方式便可以进行各种操作。其多文档设计环境,让非计算机专业人员也能很快地学会使用。

　　AutoCAD软件的主要特点在于其具有完善的图形绘制功能及强大的图形编辑功能。另外,它还可以采用多种方式进行二次开发或用户定制,支持多种图形格式的转换,具有较强的数据交换能力;同时它还支持多种硬件设备和操作系统,具有通用性和易用性,适用于各类用户。此外,从 AutoCAD 2000 开始,该系统又增添了许多强大的功能,如AutoCAD设计中心(ADC)、多文档设计环境(MDE)、Internet驱动、新的对象捕捉功能、增强的标注功能以及局部打开和局部加载的功能。AutoCAD 2021的操作界面如图3-51所示。

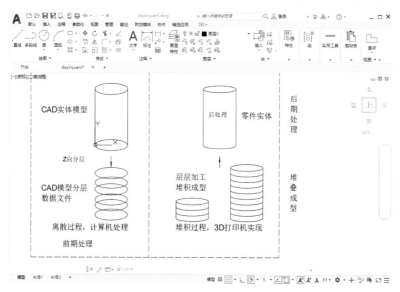

图3-51　AutoCAD 2021的操作界面

　　AutoCAD在二维成型领域处于领先地位,可在二维和三维世界里随意转换,在CAD出图方面具有非常大的市场。不过,由于 AutoCAD 主要专注于图形的编辑和绘制,在三维设计方面相对较弱,因此它的主要缺点在于三维设计能力较低。同时,由于此款软件属于参数化设计软件,因此在学习过程中还需要掌握大量的快捷键功能以达到快速建模的目的。

　　AutoCAD主要应用领域包括:

　　(1)建筑工程、装饰设计、水电工程等的工程制图;

　　(2)精密零件、模具等的工业制图;

　　(3)建筑平面设计、园林设计等。

3. Pro/Engineer

Pro/Engineer(简称Pro/E)操作软件是美国参数技术公司(PTC)旗下的CAD/CAM/

CAE一体化的三维软件。Pro/E软件以参数化著称,是参数化技术的最早应用者,在目前的三维造型软件领域中占有重要地位。Pro/E作为当今世界机械CAD/CAM/CAE领域的新标准而得到业界的认可和推广,是现今主流的CAD/CAM/CAE软件之一,特别是在国内产品设计领域占据重要位置,主要应用于机械设计与模具制造方面。

Pro/E第一个提出了参数化设计的概念,并且采用了单一数据库来解决特征的相关性问题。另外,它采用模块化方式,用户可以根据自身的需要进行选择,而不必安装所有模块。Pro/E基于特征的方式,能够将设计至生产的全过程集成到一起,实现并行工程设计。它不但可以应用于工作站,而且也可以应用到单机上。Pro/E采用了模块方式,可以分别进行草图绘制、零件制作、装配设计、钣金设计、加工处理等,保证用户可以按照自己的需要进行选择使用。Pro/E 5.0的启动界面如图3-52所示。

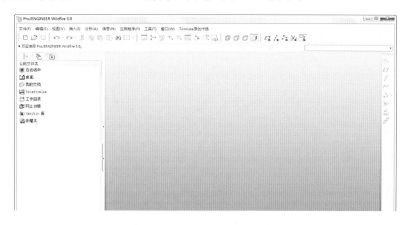

图3-52　Pro/E 5.0的启动界面

Pro/E的主要优势在于其可以随时由三维模型生成二维的工程图,并自动标注尺寸。由于其具有关联的特性,并采用单一的数据库,因此修改任何尺寸时,工程图、装配图都会相应地变动,从而在进行大型模型的修改时可以减少很多不必要的操作。另外,Pro/E软件具有的强大参数化设计功能,使其在模具设计领域占有非常重要的地位,在曲面设计方面也处于领先地位。因此,对于资深的设计者来说,Pro/E是一个不错的选择。

但是,Pro/E软件包含大量的参数化模块,其中设计技巧繁多,对于初学者来说是一个非常大的挑战,并不适合没有基础的设计者使用。另外,复杂零件制作和复杂装配设计在前期速度较慢,后期修改参数很容易导致更新失败。同时,其对于线条的编辑能力也较弱,难以胜任大型的二维图形编辑。

4. Meshmixer

Meshmixer软件是由Autodesk(欧特克)研究中心的Ryan Schmidt开发的。Meshmixer 03版本于2011年3月发布。2015年1月30日,Autodesk公司宣布,将Meshmixer的最新版本

Meshmixer 2.8并入其针对普通消费者的3D设计和建模软件套件Autodesk 123D中。Autodesk 123D包括123D Design、123D Make、123D Sculptt、123D Catch、123D Circuits、Tinkercad和 Tinkerplay等应用软件,其主要功能是帮助普通用户使用各种手段完成3D建模。合并之后, Meshmixer 2.8的用户可以在软件中直接打开或保存123D项目。Autodesk Meshmixer的操作界面和创建的模型展示如图3-53所示。

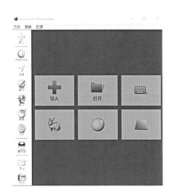

图3-53　Autodesk Meshmixer操作界面和模型

Meshmixer是一款易于操作的软件,具有混搭模型、多边形建模、雕刻、模型清理等功能,非常适合初学者使用。Meshmixer软件开发的目的是:为3D初学者、3D打印爱好者等群体提供简单易用的工具;为艺术家提供制作粘细网格的软件,并将其纳入制作流程;为每位想要处理网格(特别是3D扫描的网格)模型的用户提供网格清理和修复工具。这个软件的建模思路与常规的CG类建模软件不尽相同,它主要是通过组合不同的几何模型来创建新模型,类似于堆积木。

5. UG NX

UG NX(Unigraphics NX)是Siemens PLM Software公司出品的一个产品工程解决方案,它为用户的产品设计及加工过程提供了数字化造型和验证手段。Unigraphics NX针对用户的虚拟产品设计和工艺设计的需求,提供了经过实践验证的解决方案。UG NX的开发始于1969年,是基于C语言开发实现的。UG NX是一个在二维和三维空间无结构网格上使用自适应多重网格方法开发的、灵活的数值求解偏微分方程的软件工具。

UG NX是美国UGS公司PLM产品的核心组成部分,是集CAD/CAM/CAE于一体的三维参数化软件,是当今世界流行的计算机辅助设计、分析和制造软件,广泛应用于航空、航天、汽车、造船、通用机械和电子等工业领域。同时,UGS公司的产品还遍布通用机械、医疗器械、电子、高新技术以及日用消费品等行业。UG NX提供了包括特征造型、曲面造型、实体造型在内的多种造型方法,而且在设计过程中可进行有限元分析、机构运动分析、动力学分析和仿真模拟,提高设计的可靠性。同时,UG NX可用建立的三维模型直接生成数控代码,用于产品的加工,其后处理程序支持多种类型的数控机床。同时,它提供了自顶向下和自下向上的装配设计方法,也为产品设计效果图输出提供了强大的渲染、材质、纹理、动画、背景、可视化参数设置等支持。因其强大的功能,它在诞生之初主要基于工作站,但随着电脑硬件的发展和个人用户的迅速增长,UG NX在电脑上的应用获得了迅猛的增长,已经成为模具行业三维设计的一个主流应用。UG NX 8.0的操作界面如图3-54所示。

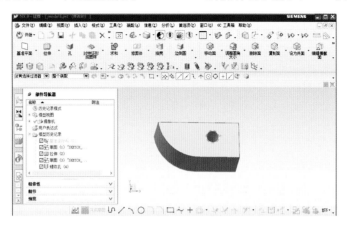

图3-54 UG NX 8.0操作界面

UG NX的最大优势在于其建模灵活,混合建模功能强大。混合建模设计模式可简单描述为在一个模型中允许存在无相关性的特征,如在建模过程中,可以通过移动、旋转坐标系创建特征构造的基点,这些特征和先前创建的特征没有位置的相关性。UG NX不仅提供了更为丰富的曲面构造工具,还可以通过一批额外的参数来控制曲面的精度、形状。另外,UG NX的曲面分析工具也极其丰富。因此,UG NX的综合能力是非常强的,从产品设计、模具设计到加工、分析再到渲染,几乎无所不包。

UG NX建模软件在工业设计方面堪称完美,在很多方面都处于顶级地位。对于这款顶级设计软件来说,唯一不足的就是设计者要完全学会并使用这款软件存在一定难度,因为这款软件包含的功能模块太多,功能技巧非常复杂,因此学习UG NX是一项非常大的挑战。

6. 3DS Max

3D Studio Max,常简称为3D Max或MAX,是Discreet公司(后被Autodesk公司合并)开发的基于电脑操作系统的三维动画渲染和制作软件。其前身是基于DOS操作系统的3D Studio系列软件。在Windows NT出现以前,工业级的CG(计算机图形学)制作被SGI图形工作站所垄断。3D Studio Max + Windows NT组合的出现降低了CG制作的门槛,其开始运用于电脑游戏中的动画制作,后更进一步开始参与影视片的特效制作,例如《X战警Ⅱ》《最后的武士》等的特效。在Discreet 3DS Max 7后,其正式更名为Autodesk 3DS Max,最新版本是3DS Max 2021。3DS Max是大众化的且被广泛应用的设计软件,是当前世界上销售量最大的三维建模、动画及渲染解决方案,广泛应用于视觉效果、角色动画及游戏开发领域。在众多的CG设计软件中,3D Max是人们的首选,因为它对硬件的要求不太高,能稳定运行在Windows操作系统上,容易掌握,且国内外的参考书最多。

　　3D Max在产品设计中,不但可以做出真实的效果,而且可以模拟出产品使用时的工作状态的动画,既直观又方便。3DS Max有三种建模方式:Mesh(网格)建模、Patch(面片)建模和NURBS(非均匀有理B样条曲线)建模。最常使用的是Mesh建模,它可以生成各种形态,但对物体的倒角效果却不理想。3DS Max的渲染功能也很强大,而且还可以连接外挂渲染器,能够渲染出很真实的效果和现实生活中看不到的效果。而它的动画功能,在众多设计软件中的表现也是相当不错的。

　　3DS Max设计软件最大的优势在于其基于PC系统的低配置要求、强大的角色动画制作能力、可堆叠的建模步骤以及"标准化"建模,使模型制作易于改动。此款软件性价比高,它所提供的强大功能使制作产品的成本大大降低。另外,3D Max的制作流程十分简洁高效,只要设计思路清晰,就非常容易上手,后续的高版本的操作性也十分简便,操作的优化更有利于初学者学习。

　　此款设计软件存在的一个不足之处在于它的插件大多是由第三方做的,在运行过程中可能会出现兼容性问题。另外,3DS Max设计软件在工业设计方面也显得有点力不从心,因此在这方面应用较少。

　　在应用范围方面,3DS Max广泛应用于室内设计、广告、影视、工业设计、建筑设计、三维动画、多媒体制作、游戏、辅助教学以及工程可视化等领域。拥有强大功能的3D MAX也被广泛地应用于电视及娱乐产业中,比如片头动画和视频游戏的制作等。其在影视特效方面也有一定的应用,如在国内发展相对成熟的室内效果图、建筑效果图和建筑动画制作等。

　　3DS Max软件未来的发展将向智能化、多元化方向发展,与现代的信息化、大数据的时代相契合。3DS Max 2022的操作界面如图3-55所示。

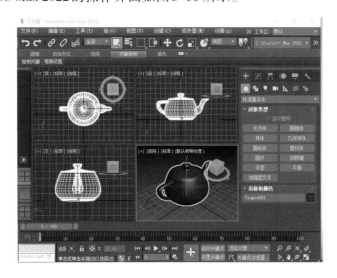

图3-55　3DS Max 2022操作界面

7. Rhino

Rhino英文全名为Rhinoceros，是美国Robert McNeel公司开发的专业3D造型软件，被广泛地应用于产品设计、建筑设计等领域。Rhino前期一直被应用于工业设计方面，擅长产品外观造型建模。近年来，随着程序相关插件的开发，其应用范围越来越广，尤其是在建筑设计领域应用广泛。Rhino配合Grasshopper参数化建模插件，可以快速做出具有各种优美曲面的建筑造型，其简单的操作方法、可视化的操作界面深受广大设计师的欢迎。另外，其在珠宝、家具、鞋模设计等行业的应用也较广泛。

Rhino建立的所有物体都是由平滑的NURBS（Non-Uniform Rational B-splines）曲线或曲面组成的。Rhino软件提供了精确造型及拟合造型的方法。NURBS曲线造型是目前计算机在三维实体中广泛采用的建模技术，它通过精确的数学计算来确定曲线、曲面、实体的形状及各个控制点的位置。用户通过使用Rhino软件所提供的各种功能强大的NURBS编辑工具，对曲线、曲面、实体进行编辑修改。Rhino允许对曲线、曲面或实体进行加、减、交集等布尔运算。Rhino软件主要的造型成型方式有挤出成型、旋转成型、放样、扫掠成型、网格铺面成型、嵌面等，成型方式丰富，可以满足大多数产品造型建模的需要。

该软件容易操作，具有方便的曲面建模方式和简洁的操作界面。另外，其使用效率高，软件较小，占用系统资源也少。其强大的曲面建模方式，在工业产品立体效果图设计方面的效率较高。Rhino的操作界面及建模与渲染效果如图3-56所示。

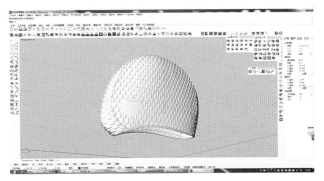

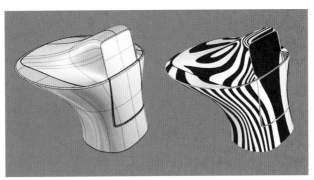

图3-56　Rhino的操作界面及建模与渲染效果

3.4　3D打印建模注意事项

在多边形建模软件中,如常见的 Maya、3DS Max、Lightwave、Modo、Cinema 4D等,由于原本的设计方向是面向CG行业,主要用于视觉传达领域,即使模型存在一些小问题,其影响也不大。然而,当需要将模型进行3D打印时,使用这类建模方式的软件就需要注意了。尽管这些软件都可以输出 .stl格式,但在建模过程中必须注意一些细节,否则可能会导致打印失败。相比之下,实体建模和雕刻软件中的类似问题就少很多。以下是建模时需要注意的事项:

1. 物体模型必须是封闭的

这就是模型的水密性(Watertight),通俗地讲,就是模型不漏水,即无孔的有体积固体。可以借助一些软件来检查、修复水密性问题,如 Geomagic Studio、Magics、Netfabb 和 Meshmixer等。

2. 模型必须为流形

流形(Manifold)是一个专业的数学用语,非专业对流形的定义是,要求在任何小的空间里,它必须是"简单"的。例如,可以把一个柿子看作一个流形,但某天它发霉了,长了一根毛(看作一条线),它就不是流形了。在建模过程中,如果一个网格模型中存在多个面共享一条边的情况,那么模型就不是流形的。如图3-57所示,两个立方体只有一条共同的边,这条边被4个面共享,因此模型不是流形的。这是多边形建模软件中常见的问题。

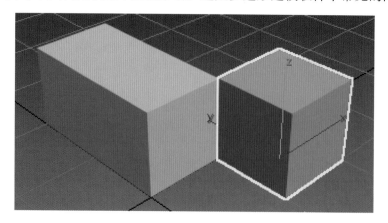

图3-57　非流形模型

3. 模型要有正确的法线方向

模型中所有面的法线要指向一个正确的方向,如果法线的方向错误,模型也不可能被正确打印。因为如果模型中包含了错误的法线方向,打印机就不能够判断出是模型的内部还是外部。

4. 模型要有一定的厚度

3D网格是没有厚度的,但现实世界中的物体都有厚度,因此一定要给模型添加厚度。如果没有指定网格厚度,是不可能把它3D打印出来的。

5. 模型的最小厚度

FDM 3D打印机的喷嘴直径是一定的,设置打印模型的壁厚时,要考虑打印机能打印的最小壁厚,否则会出现失败或者断层错误的模型。一般最小厚度为2 mm,不同成型方式的3D打印机厚度不尽相同。

6. 45°法则

45°法则是一个通用建筑法则,任何超过45°的突出物都需要额外的支撑材料或高超的建模技巧才能完成模型打印。随着时间的推移,设计支撑所用的算法也在不断进步,但是支撑材料去除后仍然会在模型上留下丑陋的印记,和支撑接触的成型面质量也相对差些,而去除支撑的过程也会非常耗时。因此,要尽量在没有支撑材料的帮助下设计模型,使它可以直接进行3D打印。但并不是说,模型超过45°的部分就一定需要添加支撑结构,如果是自底部向上顺畅地过渡的情况,可能接近70°的部位不需要支撑也能够打印出来,这需要进行反复的实践,具体情况具体分析。

（1）物体模型的最大尺寸

物体模型的最大尺寸是根据3D打印机可打印的最大尺寸而定的。当模型超过3D打印机的最大尺寸时,模型就不能完整地被打印出来。在Up Studio软件中,当模型的尺寸超过了设置机器的尺寸时,模型就会显示红色。物体模型的最大尺寸根据使用的机器而定。

（2）设计打印底座

用于3D打印的模型底面最好是平坦的,这样既能增加模型的稳定性,又不需要增加支撑,可以直接用平面截取底座获得平坦的底面,或者添加个性化的底座。

（3）预留容差度

对于需要组合的模型,我们要特别注意预留容差度。要找到正确的度可能会有些困难,一般解决办法是在需要紧密结合的地方预留0.8 mm的宽度,较宽松的地方预留1.5 mm的宽度。但这并不是绝对的,还需要深入了解所使用打印机的性能,要经过反复打印,获得最优容差度。

以上是建模过程中需要注意的主要事项,更多的事项需要在实践中去体会。设计3D模型本无定法,但遵循一些通用的规则,可以避免一些问题。使用多边形建模软件设计3D打印模型时,要勒住"天马行空的细绳",因为3D打印要把数字模型打印成实物,而不是仅仅在计算机屏幕上进行视觉展示。

除了建模时的注意事项,在打印时,同样要在适度使用外壳、善用线宽、调整打印方向等方面多加注意。

(1)适度使用外壳(Shell)

在精度要求高的模型上不要过度地使用外壳,特别是表面印有微小文字的模型,如果外壳设置过多,微小文字的细节肯定会模糊掉。

(2)妥善使用线宽

使用3D打印机时,有一个容易被忽略但又十分重要的因素就是线宽。打印机喷头的直径是线宽的决定因素,大部分打印机喷嘴直径是0.4 mm。

打印模型画圆时,打印机画出的最小的圆的直径是线宽的两倍,比如0.4 mm的喷嘴,最小能画出来的圆的直径是0.8 mm。因此,建模时需要善于利用线宽,如果你想要制作一些可以弯曲或是厚度较薄的模型,给你的模型厚度设置一个较厚的线宽会比较好。

(3)调整打印方向以求最佳精度

在FDM打印机上,你只能控制Z轴方向的精度,也就是层厚,因为XY轴方向的精度已经被线宽决定了。如果你的模型有一些精细的设计,最好确认一下模型的打印方向能不能打印出那些精细的特征。建议竖着来打印这些细节。

因此,在设计模型时,细节部位最好放在方便竖着打印的位置。如果还不行的话,可以将模型切割开再来打印,打印好以后再重新组装。

(4)调整打印方向来承受压力

打印件需要承受一定压力时,要想保证模型不会损坏、断裂,建模和打印时必须非常小心和仔细。建模时,可以根据受力方向来加厚压力的承受面。打印时,Z轴方向上竖着打印,层与层之间黏结力有限,承受压力的能力不如XY轴方向上横着打印的。

(5)正确摆放模型

打印时,模型的摆放方式也非常有讲究,除了上面说到的调整打印方向,还得注意摆放位置,尽量减少加支撑的概率。此外,如果是一大堆模型一起打印,注意相互之间不要离得太近,以免互相黏到一起。

3.5   3D打印的切片处理

切片是指用软件如Cura、Simplify3D、Slic3r等,把模型文件(.stl、.obj等)转换成3D打印机动作数据(G-code)。G-code是计算机辅助制造(CAM)中控制自动化机械的常用格式之一,可由3D打印机直接读取使用,其中记录了模型的打印参数(如吐丝量、运动速度等)

和打印路径,用于控制打印机运动。

　　模型切片软件的处理流程可大致分为模型载入、分层、划分组件、路径生成、G-code代码生成这五部分。切片完成后将G-code文件传输给3D打印机即可进行3D打印。

　　如果把模型放在XY平面上,Z轴对应的就是模型高度。我们把XY平面抬高一定高度再与模型的表面相交,就可以得到模型在这个高度上的切片。所谓的分层就是每隔一定高度就用一个XY平面去和模型相交作切片,层与层之间的距离称为层高。全部层高切完后就可以得到模型在每一个层上的轮廓线。就像是切土豆片一样,把一个圆的、椭圆的或不管什么奇形怪状的土豆用菜刀一刀一刀切开,最后就能得到一盘薄如纸片的土豆片。分层本质上是一个把3D模型转化为一系列2D平面的过程,自此之后的所有操作就都是在2D图形的基础上进行了。分层是3D打印的基础,分好的层将是3D打印进行的路径。三维实体数据的分层切片处理是实现快速成型加工的基础。一般而言,成型加工精度要求越高,分层高度应越小。使用Cura软件对风机叶片模型进行切片如图3-58所示。

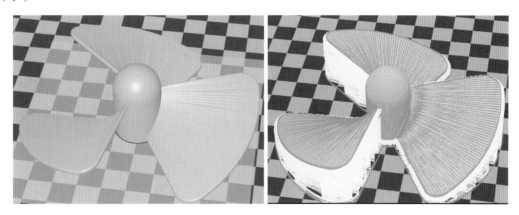

图3-58　Cura软件对风机叶片模型进行切片

　　目前常用的模型切片算法包括基于几何拓扑信息提取的切片算法、基于三角面片几何特征的切片算法等。

　　目前所用的切片软件按照其数据源来分主要有两类:一类是基于STL数据模型的切片。STL数据格式由3D Systems公司发明,它用一系列的小三角形平面片去近似表示原CAD模型,用于从CAD系统到RP系统的数据交换,因其格式简单,在数据处理上较方便,所以很快被广泛采用。目前大多数的CAD系统都提供STL文件接口。另一类是基于CAD精确模型的直接切片。它所处理的对象是来自CAD系统的三维精确模型,该方法可避免由于STL格式的局限性所带来的问题,如精度低、数据量相对大,以及自身的一些缺陷等。但由于各类CAD系统之间的相互兼容性问题,导致该类切片软件的通用性较差,目前此类方法还在广泛研究之中。

3.5.1 基于STL模型的切片算法

目前在切片软件中应用最多的是基于STL模型的切片算法。该算法的基本思想为：在计算每一层的截面轮廓时，先分析各个三角面片和切片平面的位置关系，若相交，则求交线。求出模型与该切片平面的所有交线后，再将各段交线有序地连接起来，得到模型在该层的截面轮廓。这种方法在计算每一层轮廓时，都要遍历所有的面片，其中可能绝大多数三角面片与切片平面不相交，查找效率低；对与切片平面相交的每条边都要求两次交点，运算量较大；另外，在每一层对计算出的所有交线进行排序也是个费时的过程。因此，对该切片算法提出了多种改善措施，即对STL模型先做一些预处理，再进行切片处理，以提高切片效率。这样的预处理方法主要有两种思路：一类是基于几何拓扑信息提取的切片算法，即先建立STL模型的几何拓扑信息，然后再进行切片处理；另一类是基于三角片几何特征的切片算法，即先对三角片按照一定的规则进行排序，然后再进行切片处理。

1. 基于几何模型拓扑信息的STL切片算法

STL数据格式由3D Systems公司发明，它用一系列的小三角形平面片去近似表示原CAD模型，用于从CAD系统到RP系统的数据交换。因其格式简单，在数据处理上较方便，所以很快被广泛采用。目前大多数的CAD系统都提供STL文件接口。由于STL数据中没有模型的几何拓扑信息，因此在算法中先要建立模型的几何拓扑信息，如通过三角形网格的点表、边表和面表来建立STL模型的整体拓扑信息，在此基础上实现快速切片。在此类算法的求交过程中，计算每一层截面轮廓要经过搜索、跟踪两个阶段。在搜索阶段，依次检查各三角形面片与分层平面是否相交，直到发现某个三角面片与分层平面有相交线，则此相交线就可以作为截面封闭轮廓线的第一条线。接着分层转入跟踪阶段，跟踪该三角形面片，根据拓扑信息求得下一个相交线；根据STL模型的特征，找到与该三角形面片共享下一个交点的另一个三角形面片。这样一直持续下去，直至重新遇到第一个三角形面片为止。将求得的有序相交线进行连接，就得到截面封闭轮廓线。

例如，对于一个切片平面Z_i，首先计算第一个与该切片平面相交的三角片t，得到交点坐标，然后根据局部邻接信息找到相邻的三角片，并求出交点，依次追踪，直到回到t，并得到一条有向封闭的轮廓环。重复上述过程，直到所有轮廓环计算完毕，并最终得到该层完整的截面轮廓。

该方法的优点在于：①利用拓扑关系，使切片得到的交点集合是有序的，无须再进行排序，可直接获得首尾相连的有向封闭轮廓，简化了建立切片轮廓的过程；②在三角面片与切片平面求交时，对某个三角面片只需计算一个边的交点，由面的邻接关系，可继承邻接面片的一个交点。此算法也存在一定的局限性:建立完整的STL数据拓扑信息的过程是相当费时的,尤其是在三角面片很多的情况下。为此,提出了另一种基于三角面片几何特征的切片算法,该类算法不进行整体几何拓扑信息的提取。

2. 基于三角面片几何特征的STL切片算法

在基于三角面片几何特征的切片算法中,考虑了STL模型的三角面片在切片过程中的两个特征:① 三角面片在分层方向上的跨度越大,则与它相交的切片平面越多;② 处于不同高度上的三角面片,与其相交的切片平面出现的次序也不同。

在分层处理过程中,充分利用这两个特征,尽量减少进行三角面片与切片平面位置关系判断的次数,从而提高切片效率。在此类算法中,首先根据每个三角面片的Z坐标的最小值Z_{min}和最大值Z_{max},对所有三角片进行排序:对于只有2个三角片,Z_{min}较小的排在前面;当Z_{min}相等时,则Z_{max}较小的排在前面。在切片过程中,当切片平面高度小于某个三角片的Z_{min}时,对于排列在该面片以后的面片,则无须再进行相交关系判断。同理,当分层高度大于某面片的Z_{max}时,对排列在该面片以前的面片则无须再进行相交关系的判断。最后,将交线首尾相连,生成截面轮廓线。

该方法的优点在于减少了进行三角面片与切片平面位置关系判断的次数,但也存在一定的局限性:① 对大量三角片的排序是一个耗时的过程;② 对于每个与切片平面相交的三角片,要进行2次求交计算,得到2个交点,即共边与切片平面的一个交点要计算2次;③ 在轮廓环的生成过程中,还要进行交线连接关系的搜索判断。

3.5.2　基于CAD精确模型的直接切片

为克服STL文件的缺点(如对几何模型描述的误差大、拓扑信息丢失较多、数据冗余大、文件尺寸大、STL文件容易出现错误和缺陷等),有不少文献对CAD模型的直接分层切片进行了研究。这种方法利用CAD模型精度高的优点,抛开STL文件,直接从CAD模型中获取截面描述信息。它可以从任意复杂三维CAD模型中直接获取以直线、圆锥曲线、三次Bezier曲线综合描述的曲边平面环形域的分层切片数据,将其存储于PIC文件中,作为快速成型系统的数据连接中介。对曲边平面环形域进行适当处理,可驱动快速成型系统工作,完成制件加工过程。一般基于CAD模型的直接切片的加工流程为CAD模型→层片文件→设置层片参数→层片文件处理→输入加工参数→生成加工文件→层层加工→原型。

其优点在于:文件数据量大大降低,模型精度大大提高,数据纠错过程简单。

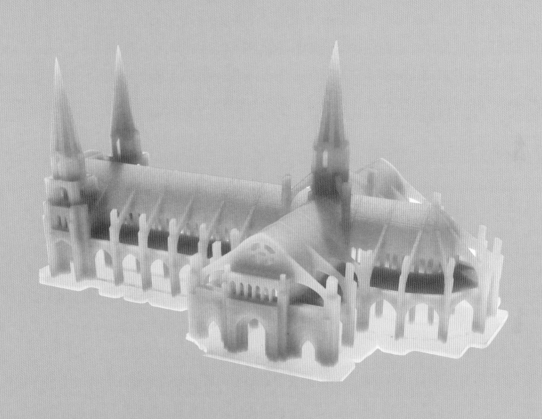

第四章 • 工程应用实例解析

4.1 FDM工艺的应用实例及其成型方法

4.1.1 FDM成型机介绍

根据打印精度和打印尺寸的不同,FDM成型设备可分为桌面级和工业级两类。桌面级成型设备多用于办公室或家庭中,主要实现概念模型的打印,将生活中所需的简单零件或脑中的文化创意变为现实。这类设备一般打印精度不高,但价格较低、可选材料丰富,如具有多种颜色的工程塑料等,食品FDM成型设备也几乎都是桌面级的。因此,这类设备在食品行业也广受青睐。工业级FDM成型设备的打印精度更高,稳定性也更好,多用于工业零件制造或模具制造等领域,但相对的价格也更高。由于越来越大的市场需求,加上FDM成型设备结构简单,制造的门槛不高,国内外FDM成型设备的需求近年来呈爆发式增长,特别是桌面级FDM成型设备。国内外研发FDM成型设备的公司也越来越多,国外的有美国的 Stratasys、3D Systems、MakerBot、惠普公司,德国的 German RepRap,韩国的Rokit,以色列的Object 等;国内以清华大学、浙江大学、华中科技大学和武汉理工大学为技术依托成立科技公司,专门从事FDM设备的研发和推广,代表性的有北京太尔时代、南京宝岩和台湾XYZPrinting公司等。目前市场上熔融沉积3D打印机类型众多,国外一些打印机制造厂商根据市场需求研制出了多种结构不同、适用于不同聚合物材料的打印机。2015年,MakerBot推出了双喷头3D熔融沉积打印设备。该3D打印机有两个打印头,每个打印头可装载两种不同材质的聚合物丝材,这使得它可以打印两种颜色的模型,可以满足客户的不同需求。其外形尺寸仅为30 cm × 50 cm × 40 cm,打印精度可达0.1 mm,且层高可调,调整范围介于0.1~0.4 mm。另外,国外很多高校和研究机构的科研团队也正在研制各种特殊用途的3D打印成型设备和工艺,如利用熔融沉积成型方法打印低熔点的金属合金材料,制造出实体金属产品;利用3D熔融沉积打印进行PCB电路板的制造;利用熔融沉积打印高分子材料心脏模型等。

目前,材料挤出3D打印机商业化最好的是FDM类打印机。Stratasys公司拥有FDM核心技术专利,已在全球范围内安装了大量的原型制造和直接数字化生产系统。仅Stratasys公司目前就已经商业化了7种型号的FDM 3D打印机(图4-1)。

FDM技术打印出来的模型经过后处理工艺后,可应用于以下方面:

(1)模型建立与制造:很多设计者采用FDM技术快速打印出实体零件模型,以此来论证设计的理论以及CAD三维模型是否既满足零件美观性要求,同时也满足功能化需求。美国福特公司很早就采用FDM技术来加速原型零件的生产。如若用传统的机械加

图 4-1 Stratasys 公司 Stratasys F370 打印机和 Stratasys F900TM 打印机

工方式生产汽车零件中造型复杂的进气管大约要耗费 4 个月的时间,而且造价也非常昂贵。但采用 FDM 技术加工只需要 4 天左右就能完成,这极大地缩短了造型复杂进气管零件的生产周期。

同时,采用 FDM 技术制造出来的实体模型既可以用来进行产品试验以验证其合理性,也可以将打印出来的模型进行实物展示或制作成宣传册来推广产品。

(2)创新定制与设计:廉价易操作的 FDM 3D 打印机备受众多业余爱好者和企业家欢迎。采用 FDM 技术可以自由地制造个性化物品、发明新设备等。好时巧克力公司通过与 3D Systems 公司合作研发了一款基于 FDM 技术的新型 3D 食物打印机。这款打印机选用巧克力和各种口味以及颜色的糖果材料进行融合,将它们熔化后挤压成型生产出各式各样独特的形状。生产过程不需要任何定制的模具,减轻了人力劳动,且生产出来的成品备受消费者喜爱。这对很多需要艺术与产品相融合的企业来说的确是个极佳的选择。

(3)工程分析与规划:FDM 3D 打印机生产的模型可应用于综合性能分析,通过对模型的大小、体积、应力、流体、疲劳等进行分析测试,最终确定生产产品的最优材料、工艺、造型等。研究者 Espali 等将 FDM 技术成功用于制造具有不同密度的患者特异性 3D PMMA 植入物,包括颅骨缺损修复和股骨模型。Savitri 等通过将 FDM 模型与三维 CT 扫描进行比较,确立了 FDM 模型的准确性,临床上完全可以接受 FDM 技术在牙科和颅颌面外科中的应用。

FDM 打印出来的骨模型为医生提供了很好的三维可视化效果,有利于手术规划、术后结果预测等。FDM 的技术优势加上多方面的应用特点,使其在航空航天、生物医药、汽车工程、珠宝艺术、餐饮行业等众多行业中都具有应用案例,特别是应用于这些行业的制造业领域中,FDM 技术的应用案例如图 4-2 所示,其应用领域总体如图 4-3 所示。

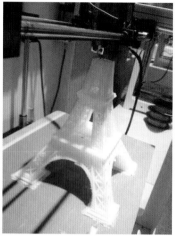

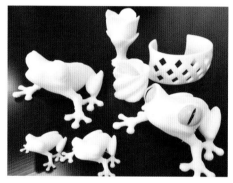

图4-2　FDM技术的应用案例

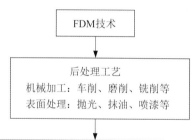

```
┌──────────────┐
│   FDM技术     │
└──────────────┘
        ↓
┌────────────────────────────────┐
│           后处理工艺             │
│  机械加工：车削、磨削、铣削等     │
│  表面处理：抛光、抹油、喷漆等     │
└────────────────────────────────┘
        ↓
┌────────────────────────────────┐
│             应用                 │
├──────────┬──────────┬──────────┤
│模型建立与制造│创新定制与设计│工程分析与规划│
├──────────┼──────────┼──────────┤
│  CAD模型  │ 定制礼品 │ 应力分析 │
│ 模型展示  │个性化设计│ 部件预览 │
│ 产品试验  │艺术研究学习│ 优化工艺 │
│ 产品推广  │新产品的研发│术前规划指导│
└──────────┴──────────┴──────────┘
        ↓
┌────────────────────────────────┐
│            制造业                │
├──────────┬──────────┬──────────┤
│ 航空航天  │ 时装服饰 │ 生物医药 │
│ 汽车工程  │ 珠宝艺术 │ 建筑行业 │
│ 武器装备  │ 餐饮行业 │ ……     │
└──────────┴──────────┴──────────┘
```

图4-3　FDM技术的应用领域

目前,FDM成型设备按结构类型分类大致可以分为以下四种:矩形盒式结构、矩形杆式结构、直线臂式结构以及并联臂式结构。以下就FDM成型设备的四种结构类型进行详细的介绍:

1. 矩形盒式结构

矩形盒式结构就是普通XYZ型3D打印机。机体结构一般封闭,喷头完成X、Y轴方向上的水平移动,打印平台实现Z方向上的直线升降运动。该机型整体结构紧凑、科学合理,具有打印范围大、操作简单安全等特点。因此,该结构的成型设备在整个3D打印发展进程中更新迅速、应用广泛。美国MakerBot公司生产的MakerBot Replicator系列桌面级3D打印机产品均为典型的矩形盒式结构。其中,Replicator 2为MakerBot的第四代3D打印机,如图4-4所示,其打印范围为285 mm × 153 mm × 155 mm,成型精度最高可达0.1 mm,总重量约为11.5 kg,市场价格在3 000美元左右。因其结构简单安全、成型精度高、耗材经济环保、桌面级办公等优势而深受人们喜爱。此外,美国Stratasys公司、荷兰Ultimaker公司、国内太尔时代公司生产的大部分FDM成型设备都是矩形盒式结构3D打印机。

图4-4　MakerBot Replicator2

2. 矩形杆式结构

矩形杆式3D打印机外形结构都是开放式的。喷头完成X、Z轴方向上的移动,打印平台实现Y轴方向上的独立水平移动。其整体结构简单、组装维修方便、成型范围广。对于Y轴方向,没有机体外壳的限制,打印平台可移动到打印机外部。深圳纵维立方科技有限公司生产的Anycubic-3D打印机就是典型的矩形杆式结构,如图4-5所示。其打印范围为210 mm × 210 mm × 205 mm,打印精度为0.1 mm,最快打印速度可达100 mm/s,总重量约为11 kg,市场价格只需要3 000元人民币左右。

图4-5   Anycubic-3D打印机

    矩形杆式结构3D打印机具有开源性，其硬件与软件都可以在各种开源许可证下自由共享。因此，很多设计者都可以自由下载、构建并改进自己的矩形杆式3D打印机变体。Prusa-i2 3D打印机是最大且最流行的RepRap设计之一，如图4-6所示。

图4-6   Prusa-i2 3D打印机

    Prusa-i2 3D打印机的三角形框架通过螺栓固定在印刷塑料部件上。在X、Y轴上各有一个电机，而Z轴上部则分别装有两个电机。X、Y轴使用同步齿形带进行移动，Z轴则通过两个8 mm的丝杠传递动力。然而，此结构也存在一些缺点：缺乏皮带张紧器，这会影响传动精度；缺乏可调整的支脚，因此在不平坦的表面上进行加工时很难保持稳定；Z轴电机安装在Z轴上部且无电机安装座，打印时Z轴会引起摆动，从而影响成型精度。针对以上缺点，Prusa-i3 3D打印机作出了相应的改进，如图4-7所示，Z轴上使用了较小直径的丝杠，且Z轴上的两个步进电机安装在了底部，丝杠安装于步进电机侧，这样就极大地改善了Z轴摆动的缺陷。

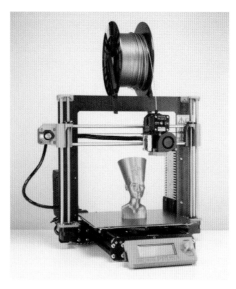

图 4-7　Prusa-i3 3D 打印机

3. 直线臂式结构

直线臂式结构可视为矩形杆式结构的简化版。其 X、Y、Z 轴组件的传动方式跟矩形杆式 3D 打印机相同。这种结构的最大特点是简洁且廉价，它通过尽可能减少移动部件或其他不必要组件的使用，来降低生产成本与机型重量，同时仍然保留了复杂昂贵的 3D 打印机的绝大部分功能。图 4-8 是深圳创想三维（Creality 3D）公司生产的一种直线臂式机械结构的 3D 打印机机型 CR-8S。在该机型中，X 轴构件与 Z 轴构件在垂直面中交叉，且 X 轴构件整体作为一个移动构件悬挂于 Z 轴构件上，打印喷头安装在 X 轴构件上，通过采用导轨 - 同步带的传动方式实现 X 轴方向上的水平直线移动。Z 轴则通过采用丝杠-导轨的传动方式实现 X 轴整体臂式结构的直线升降运动。打印平台同样采用导轨-同步带的传动方式，实现在 Y 轴的左右移动。CR-8S 整体净重仅 6.5 kg，最大成型尺寸为 210 mm × 210 mm × 210 mm，成型精度最高可达到 0.1 mm，且市场价格只需要 2 500 元左右。因此，这种直线臂式结构的 3D 打印机具有小型化、轻便化、操作简单、节能省电的优势，非常适用于办公、家庭等环境。

4. 并联臂式结构

并联臂式结构也被称为三角洲（Delta）式结构。这种结构采用特殊的设计，与上述矩形盒式与矩形杆式这种普通的 X、Y、Z 三轴结构相比，具有定位精度高、打印速度快、成型尺寸大的特点，且整体结构美观紧凑、动态性能好、承载能力强。图 4-9 为 Rostock MAX 3D 打印机，这是一款由美国 SeeMe CNC 公司研制的并联臂式 FDM 3D 打印机。其最大打印直径是 280 mm，最大打印高度是 375 mm，最大行程速度能达到 300 mm/s，成型精度为 0.1 mm，总重量约 8 kg，市场价格在 1 000 美元左右。

图4-8 创想三维CR-8S打印机 图4-9 Rostock MAX 3D

Rostock MAX 3D打印机采用正三棱柱设计,其整体框架采用铝合金材料加工而成,3根棱柱同时也充当了3根直线导轨,上面装有3个滑块。这些滑块通过同步带连接,并由步进电机驱动,实现将同步带轮的旋转运动转变成滑块在Z轴导轨上的上下升降运动。3个滑块通过3组特殊设计且具有较强刚度的连杆与打印喷头装置相连,打印喷头装置的X、Y轴坐标通过连杆与Z轴形成的三角函数关系映射到3条垂直的导轨上。在计算机编好的程序控制下,这3个滑块的直线升降运动被转变为打印头的水平面运动,使喷头按照所预定的轨迹打印产品。打印平台与加热板固定于框架下方,通过控制打印时的温度,从而保证产品稳固地附着在打印平台上。

4.1.2 FDM应用实例

FDM成型技术在航空航天、汽车、建筑等行业应用广泛。以下是部分应用实例。

1. 航空航天复材模具制造

国内某航天复合研究所使用高性能材ULTEM™1010,及通过使用INTAMSYS FUNMAT PRO 610HT设备制造热压罐复合材料模具(图4-10)。

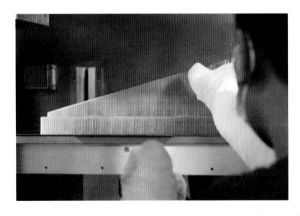

图4-10 FUNMAT PRO 610HT设备3D打印的热压罐复合材料模具

由于飞机制造所需复合材料的性能要求较高,需要接近200 ℃的温度来使铺设完成的预浸料固化成型,而很多高分子聚合物3D打印材料无法耐受这样的高温。使用FUNMAT PRO 610HT设备打印出的高性能材料ULTEM™1010/PEEK-CF的模具组件可以满足热压罐(温度180 ℃,压强6 Bar)的工作条件,并可以反复用于复合材料铺层模具中,为用户在复合材料制件研究和生产上带来了极大的便利和优势。同时,工业级设备的运动控制和热场控制,将复合材料模具的制件精度控制在了1.5 mm以内,充分满足了航空工业的苛刻要求。

2. 大尺寸汽车快速原型件生产

图4-11中的定制化汽车保险杠是由某外资汽车企业使用INTAMSYS FUNMAT PRO 610HT设备3D打印而成的。

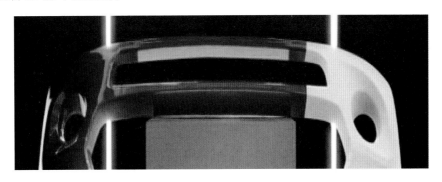

图4-11 3D打印定制汽车保险杠

基于用户对零部件定制化设计和尺寸(保险杠长度超过1.75 m)的需求,以及希望样件能够快速成型并投放试车的要求,上海远铸智能公司FUNMAT PRO 610HT设备成功打印了强度高、耐用性佳、打印流动性好的PC材料,完成了高抗弯强度的定制化保险杠的制作。由于3D打印具有快速成型、大尺寸一体打印和对丰富材料的处理优势,因此FUNMAT PRO 610HT成为许多汽车厂商工业级3D打印机的首选。通过使用FUNMAT PRO 610HT,汽车企业可以缩短零部件研发周期,降低研发成本,充分满足个性化设计,完成汽车生产轻量化的转型。

3. 3D打印清真寺

阿拉伯联合酋长国迪拜政府官员曾表示,自2023年年底开始建造全球首座由3D打印完成主体结构的清真寺(图4-12)。清真寺由混凝土制成,共两层,面积约2 000 m²。"我们之所以选择3D打印清真寺,是因为这是一项新技术,比起传统建筑方法或能节省工期和资源。"

图4-12　3D打印清真寺效果图

使用FDM 3D打印技术建造建筑物需要大型设备。这些设备可根据预先输入的设计程序,从喷嘴中"挤"出建筑材料,像打印机那样一层层"打印"出建筑结构。当前,建筑业使用的3D打印材料大多是混凝土,也可以使用黏土等其他材料。

4. 食品打印

以色列"牛排食品"公司与新加坡"鲜味肉"公司联合研发出了一种3D打印鱼肉。他们从石斑鱼中提取鱼肉细胞,使其生长出肌肉和脂肪,再将这些组织添加到特殊的3D打印耗材中,最终形成一块酷似海鱼肉的人造鱼肉。报道称,经过油炸烹饪后,"3D打印"鱼肉的口感与真正的鱼肉无异。

5. 巨型花束打印

2023年4月30日至5月21日,在上海市辰山植物园举办的"春生万象繁花盛放"月季展中,主办方精心布置了巨型花束(图4-13)、文艺花园、天使花墙、云雾花谷四大展区。巨型花束展区位于1号门内广场的樱花环,利用FDM成型技术制作了近3 m高的"马卡龙花束",并搭配了粉紫色系的花卉及观赏草,与周围色彩缤纷、层次丰富的月季主题花境共同营造出浪漫氛围。

图4-13　3D打印巨型花束

4.1.3 北京太尔时代UP BOX+成型应用实例

UP BOX+为北京太尔时代公司生产的单喷头成型机。该机器采用熔融沉积造型(FDM)成型工艺,其打印材料包括ABS、PLA、ABS+,所使用的软件为北京太尔时代公司研发的UP Software。设备框架结构组成如图4-14所示。

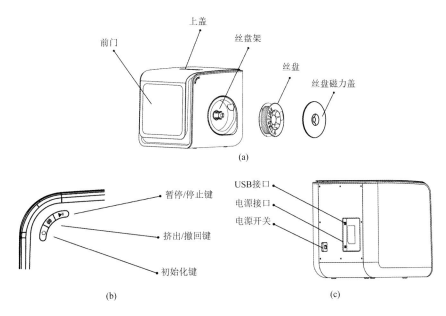

图4-14 UP BOX+打印机图解

UP BOX+成型机采用单喷头设计,其工作时,喷头会根据分层后的层面信息在XOY平面进行精确运动,同时打印平台会在Z轴方向进行移动,以实现三维打印。其结构示意图如图4-15所示。

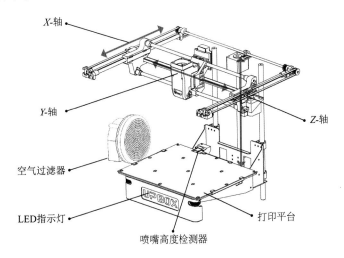

图4-15 UP BOX+打印机内部结构图解

在X、Y、Z三个轴向分别设有限位装置,喷头及打印平台设有自动调平和喷嘴高度检测器,通过喷嘴高度的校准和平台的水平调平,可以有效地避免翘边、不吐丝及支撑难剥离等打印缺陷的产生,从而保证成型过程顺利进行。为了减小在打印过程中的温度误差,该设备采用了全封闭舱体设计,这一设计确保了打印材料的稳定收缩率,进而避免了制品发生撕裂等缺陷。此外,打印喷头还配置了风扇装置,以进一步保证成型质量。喷头及喷头固定部件结构示意图如图4-16所示。

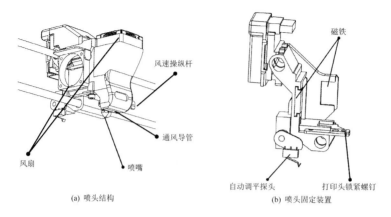

(a) 喷头结构　　　　　　　　　　　(b) 喷头固定装置

图4-16　UP BOX+打印机的打印头及打印头座结构示意图

UP BOX+打印机操作流程如下。

一、设备调试

1. 安装多孔板

UP BOX+打印机操作流程视频

安装多孔板的步骤及注意事项：

（1）将多孔板放置在打印平台上,确保加热板上的螺钉能够准确地插入多孔板的对应孔洞中。

（2）使用手部力量,在右下角和左下角将加热板和多孔板压紧。随后,将多孔板向前推动,使其能够牢固地锁紧在加热板上。此步骤的示意图如图4-17所示。

（3）检查并确保所有的孔洞都已经得到了妥善的紧固,此时多孔板应该处于完全放平的状态。

（4）需要注意的是,应该在打印平台和多孔板完全冷却之后再进行多孔板的安装或拆卸操作。

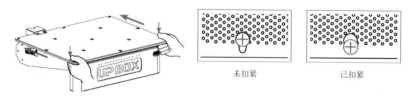

未扣紧　　　　　　已扣紧

图4-17　安装多孔板

2. 安装丝盘

如图4-18所示,进行以下步骤：

（1）打开丝盘磁力盖,将丝材准确地插入丝盘架中的导管内。

（2）将丝材送入导管,直到丝材从导管的另一端伸出。然后,将线盘安装到丝盘架上,并盖好丝盘盖。

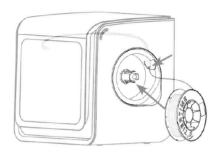

图 4-18　安装丝盘

3. 打印机初始化

每次打开机器时,都需要进行初始化。在初始化过程中,打印头和打印平台会缓慢移动,并会触碰到 X、Y、Z 轴的限位开关。这一步非常重要,因为打印机需要找到每个轴的起点。只有在完成初始化之后,软件的其他选项才会亮起,供用户选择使用。

初始化有两种方式,如图4-19所示:

(1)通过点击软件菜单中的"初始化"选项,可以对 UP BOX+打印机进行初始化。

(2)当打印机处于空闲状态时,长按打印机上的初始化按钮也可以对 UP BOX+打印机进行初始化。

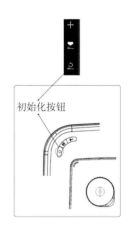

图 4-19　打印机初始化

4. 自动平台校准

平台校准是成功打印的最重要步骤之一,因为它确保了第一层的黏附效果。在理想情况下,喷嘴和平台之间的距离应该是恒定的。但在实际操作中,由于多种原因(例如平台略微倾斜、操作不当等),这个距离在不同位置可能会有所不同。这可能会造成作品翘边,甚至是完全打印失败。通过使用自动平台校准和自动喷嘴对高这两个功能,可以使得校准过程变得快速而方便。

在校准菜单中,选择"自动补偿"选项。如图4-20所示。

图 4-20　自动水平校准选项

选择自动水平校准后,校准探头会被放下,并开始探测平台上的 9 个不同位置。在探测完平台之后,调平数据将被更新,并储存在机器内部,同时调平探头也将自动缩回。

当自动调平完成并得到确认后,喷嘴对高过程将会自动开始。打印头会移动至喷嘴对高装置上方,最终,喷嘴将接触并挤压金属薄片,以完成高度测量。整个校准过程如图4-21所示。

5. 自动喷嘴对高(图4-22)

喷嘴对高功能除了在自动调平后自动启动外,也可以手动启动。只需在校准菜单中选择"喷嘴高度"一栏进行"喷嘴对高"设置(图4-20),即可启动该功能。

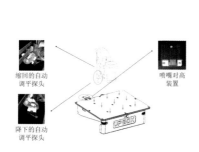

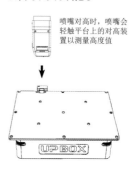

图4-21　自动水平校准过程　　　　图4-22　喷嘴自动对高

二、模型设置

第一步:打开电源,等待机器完成初始化。

第二步:启动UP Studio软件,并载入所需打印的STL文件模型。

第三步:将模型放置到适当的位置。在选择成型方向时,应遵循以下原则:

(1)不同表面的成型质量存在差异。通常,水平面的成型质量优于垂直面,上表面的成型质量好于下表面,而垂直面的成型质量又优于斜面。在水平面上,立柱的质量和圆孔的精度最佳,而在垂直面上则相对较差。因此,在选择面时,应优先考虑那些辅助支撑更易于去除的面。

(2)水平方向的强度通常高于垂直方向的强度。

(3)尽量减少支撑面积和降低支撑高度。

(4)对于具有平面的模型,应将其摆放为平行和垂直于大部分平面的方向。

(5)选择重要的表面作为上表面。

(6)选择强度高的方向作为水平方向。

(7)尽量避免出现投影面积小且高度高的支撑面。

(8)如果模型具有较小直径的立柱、内孔等特征,应尽量选择垂直方向进行成型。

第四步:设置分层参数、模型内部结构、支撑结构,并进行分层处理。随后,将分层数据传输到成型机中,设备将开始打印制作。具体设置包括:

(1)层片厚度:即每层打印的厚度。该值越小,生成的细节越多,精度越高,但成型时间也会越长。

(2)密封表面:通过调整角度来决定密封层的生成范围,并通过选择表面来决定模型底层的数量。

（3）支撑结构：包括密封层厚度的选择、支撑结构密度的设置（该值越大，支撑结构越稀疏）以及支撑面积的设置（如果需要支撑面积小于该值，则不产生支撑，可以通过选择"仅基底"来关闭支撑）。

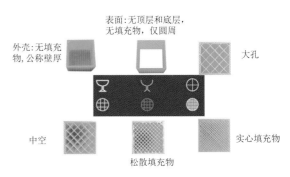

图4-23　填充效果

（4）稳固支撑：可以产生更稳定的支撑结构，但可能更难剥除。

（5）填充：图4-23展示了不同填充参数下的成型情况。

打印参数包括支撑层、填充物、底座和密闭层，具体如图4-24所示。

（1）支撑层：实心支撑结构，用于确保所支撑表面保留其形状和表面光洁度。

（2）填充物：用于打印物体的内部结构，其密度可以调整。

（3）底座：协助物体黏附至平台的厚实结构。

（4）密闭层：则用于打印物体的顶层和底层。

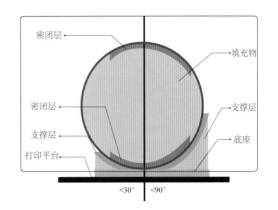

图4-24　打印参数示意图

第五步：模型制作完成后，将其从打印平板上取下来，并进行去支撑、打磨、抛光、上色等后处理操作。

三、3D打印实例

（1）打开软件，界面如图4-25所示。

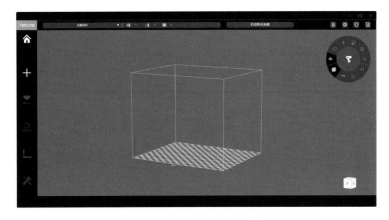

图4-25　UP BOX+软件操作界面

（2）点击界面上的"+"按钮，然后选择添加模型，此时会跳出一个对话框，如图4-26所示。

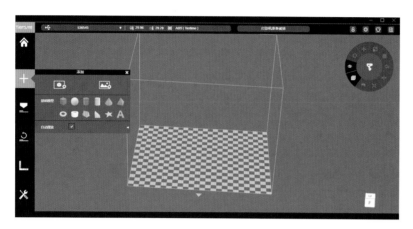

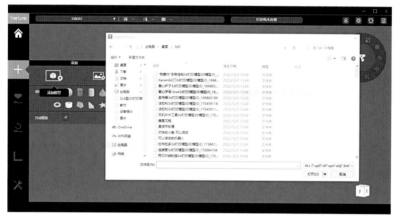

图4-26　文件选择对话框

（3）在对话框中插入要打印的STL文件。以可活动折叠收纳盒为例，插入后的模型如图4-27所示

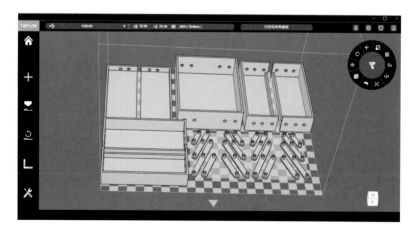

图4-27　可活动折叠收纳盒模型图

（4）调整零件的大小、放置位置和放置方向。

　　选中零件,点击缩放按钮,选择适当的缩放倍数。此处选择原尺寸打印,并计划分次进行制作,调整后的模型如图4-28所示。

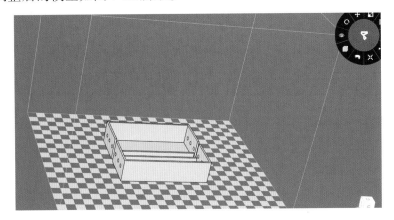

图4-28　可活动折叠收纳盒部分效果图

　　(5)设置打印参数。点击"打印—设置",根据零件的精度和使用性能等要求,设置相关的打印参数,如层片厚度、填充方式等,具体设置如图4-29所示。

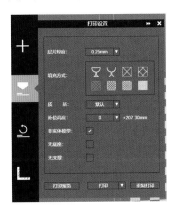

图4-29　参数设置对话框

　　(6)点击"打印—打印预览",此时会显示打印时间以及支撑的生成情况,预览界面如图4-30所示。

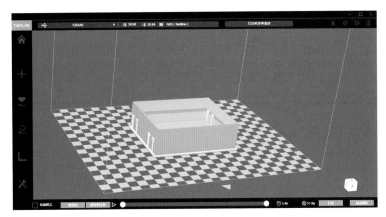

图4-30　打印预览

（7）开始打印零件，打印完成后的零件如图4-31所示。

图4-31　打印零件

（8）将制作好的零件进行装配，最终获得完整的模型，装配后的模型如图4-32所示。

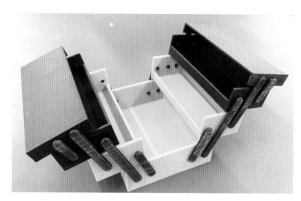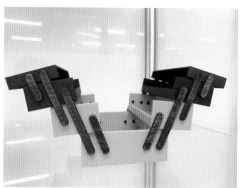

图4-32　可折叠收纳盒

4.2　SLA工艺的应用实例及其成型方法

4.2.1　SLA成型设备介绍

　　SLA光固化成型技术是最早实现实用化的快速成型技术。其原理是选择性地用特定波长与强度的激光聚焦到光固化材料（如液态光敏树脂）的表面，使其发生聚合反应。随后，按照由点到线，由线到面的顺序凝固，完成一个层面的绘图作业。然后，升降台在垂直方向移动一个层片的高度，再固化另一个层面。通过层层叠加，最终构成一个三维实体。由于一些光敏树脂材料的黏度较大，流动性较差，因此在每层照射固化之后，液面都很难在短时间内迅速流平。为此，SLA设备配备了刮刀部件。在每次打印台下降后，都会通过刮刀进行刮切操作，将树脂均匀地涂覆在下一叠层上。

SLA是目前研究最深入、应用最广泛的快速成型技术之一。其成熟度高,经过了长时间的实践检验,具有以下优势:

(1)无须切削工具与模具,加工速度快,产品生产周期短。

(2)可以加工结构外形复杂或使用传统手段难以成型的原型和模具。

(3)以CAD数字模型为基础进行数字化打印,可降低错误修复的成本。

(4)为实验提供试样,可以对计算机仿真计算的结果进行验证与校核。

(5)成型精度高,表面平整。

目前,国内外有许多组织、企业和团队在研究和生产SLA技术。国内的主要机构包括西安交通大学、华中科技大学、陕西恒通智能机器有限公司、上海联泰科技公司、上海普利生机电公司、上海数造科技、北京大业三维科技公司、苏州中瑞科技、珠海西通、香港SparkMake公司,以及台湾的3D打印机制造商Layer One、Acluretta等。国外的主要企业包括美国的3D Systems公司、Stratasys公司、Formlabs公司,德国的EOS公司、EnvisionTEC公司,法国的Prodvays公司,日本的CMET公司以及韩国的Carima公司等。

3D Systems公司在SLA技术研究领域起步最早,生产的机型也众多,如Pro-jet 1500、Objet 500 Connex3等。国内则有联泰科技的Lite系列、RS Pro系列、PILOT SD系列、FL系列光固化打印机以及西通光固化3D打印机等。近年来,3D Systems又相继推出了ProX 800、ProX 950、Projet 7000 HD和Projet 6000 HD等机型(图4-33)。其中,ProX 950可实现超大幅面打印,最大尺寸可达1 500 mm × 750 mm × 550 mm;而Projet 7000 HD则拥有精度高和超级细节表现力、3D打印质量和准确性高的特点,其打印精度误差在 ± 45 μm 内。经过近20年的发展,立体光固化成型技术在3D打印技术领域已然成为发展最成熟、应用最为广泛的3D打印技术。

图4-33 3D Systems打印机

除了3D Systems公司外,国外的Stratasys公司、FSL公司、Carbon 3D公司以及Formlabs公司等也对SLA技术有深入的研究。Formlabs和FSL是全球领先的桌面级SLA打印机的生产商。2012年,Formlabs团队在众筹平台推出了一款基于SLA成型技术的

3D打印机Form1。2016年,该团队又推出了Form2。这款打印机的打印尺寸为145 mm×145 mm×175 mm,轴分辨率可达0.025 mm,并支持各种光敏树脂材料。其激光功率比Form1提高了50%,并设有自动控温装置,可将温度控制在35 ℃,为打印提供精确的环境,从而保证成品率和精度。此外,树脂槽内还设置了树脂刷,使模型分离更加柔和,避免了传统的硬拔方式可能带来的问题。同时,该打印机还设有自动进料系统,内含ID芯片,可自动识别耗材信息并自动感应液位,无须手动加料,如图4-34(a)所示。

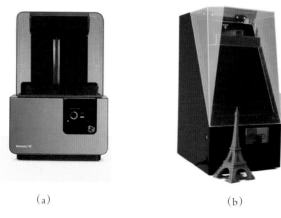

(a)　　　　　　　　　　　　　(b)

图4-34　两款桌面级SLA型3D打印机

FSL公司也是一个全球领先的桌面级光固化3D打印设备生产商。他们推出了型号为Pegasus Touch的桌面打印机。Pegasus Touch的电子系统能够控制超过500 kHz脉冲的激光源,并使用了公司自主研发的FSL实时激光处理器,以3 000 mm/s的速度移动激光束。它采用405 nm的蓝紫色激光作为光源,具有非常高的打印精度,最高分辨率能够达到25～100 μm。在打印幅面方面,Pegasus Touch相比于Form2 3D打印机具有更大的打印幅面,其打印尺寸可达177 mm×177 mm×228 mm。它的人机交互板块使用了支持多点触控的触摸屏,方便操作。同时,FSL还为这款打印机研发了专门的模型处理软件,能够对3D模型进行自动切片,并自动生成模型所需的悬挂结构。此外,Pegasus Touch打印机还能够连接互联网,用户可以直接登录3D打印机应用程序商店,在线搜索并下载自己喜欢的3D模型,如图4-34(b)所示。

光固化3D打印系统主要分为上曝光式3D打印系统和下曝光式3D打印系统。SLA打印机(图4-35)的机械组成部分包括激光发生器(Laser)、柔性焦距透镜组(Lenses)、扫描器(Scanning Mirror)、容池(Vat)、升降台(Elevator)、刮板(Sweeper)、零件分层面(Layered Part)、构建平台(Build Platform)以及液体光聚合物(Liquid Photopolymer)。

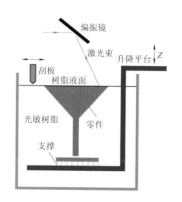

图4-35　SLA典型设备示意图

4.2.2　SLA应用实例

西安美术学院的马寰采用3DS Max+Rhino等CAD三维处理软件,配合SLA增材制造技术,完成了主题大型会展"梦境识空"展示模型的设计与实现(图4-36)。该模型具有复杂的弧度与曲度,如果使用传统的模型制作方式,则几乎无法实现。同时,这种方法缩短了展示设计模型制作的周期,降低了原料的使用,并减少了废料的产生。

图4-36　会展"梦境识空"展示模型

美国雷神公司曾采用SLA增材制造技术制作了一套战术导弹全尺寸模型(图4-37)。经过细节处理与上色,导弹的外观、结构和战斗原理被清晰地展示出来。相对于单纯的计算机图样模拟方式,其展示和讲解效果倍增。该技术可以在产品未正式量产之前真实地展示设计作品或还原设计意图,为重大项目投标或重要参展活动中的产品推广创造有利条件。

图4-37　战术导弹全尺寸模型

对于复杂系统产品的开发,采用SLA增材制造技术可以快速制作出部分甚至全部的零件原型,进行试安装和一系列相关的装配试验。这有助于验证设计开发的合理性和安装工艺与装配要求,更容易在短时间内发现问题或缺陷,并迅速、方便地解决与纠正。在开发周期、成本与进度方面,该技术具有相当积极的意义。

图 4-38 为运用 SLA 技术制作的全尺寸航空发动机模型。其内部的 MD-90 驾驶室操控模块包含 74 个零部件,均为 SLA 增材制造技术制造而成。通过不同组件、不同颜色的处理加持,该模型的运行情况展现力极强。短时间、低成本的样机模型制作,为其运动分析和可维护性验证分析提供了有力的支撑。整个项目节省了 10 个星期的时间,并节约了 5.16 万美元的资金。

图 4-38 全尺寸航空发动机引擎模型

4.2.3 上海众化 BaseNode 600 成型应用实例

BaseNode 600 3D 打印机(图 4-39)是由上海众化智能科技有限公司自主生产的光固化快速成型 3D 打印机,属于工业级 3D 打印机。该设备以液态光敏树脂为原材料,能够打印各种中小型零件。打印机的整体尺寸为:1 800 mm(长) × 1 500 mm(宽) × 2 200 mm(高)。

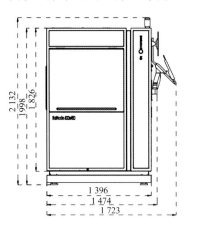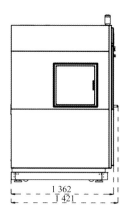

图 4-39 BaseNode 600 3D 打印机尺寸示意图(单位:mm)

其主要部件包括固定部件、运动部件和用户控制部件。

1. 固定部件

机架和钣金构成打印机的固定部分。机架由槽钢、空心方钢、角钢混合焊接而成,形成稳固的框架结构。机架下方安装有可调地脚,用于调整设备的水平位置。为便于搬运,设备还装有四个脚轮。设备安装落地后,首先调整地脚直至与地面接触,然后调整整机,确保Z轴垂直于水平面。移动设备时,只需调整地脚至脱离地面,即可轻松推动设备。

2. 运动部件

打印机的运动部件包括树脂涂覆机构、Z轴运动调节机构、液位调节机构以及变光斑机构。

(1)树脂涂覆机构由刮刀基板、电机、同步带组件模块、刮刀组件模块等部件组成。电机驱动同步带运动,从而带动刮刀在XY水平面上做前后往复运动。每当一层固化完成后,托板下降一定的层厚,刮刀进行涂刮运动。刮刀运动时,其前刃和后刃主要修平高出的多余树脂和辅助消除树脂产生的气泡。刮刀中间的吸附槽与真空泵相连并保持抽气状态,形成负压环境,可吸附一定高度的树脂。随着刮刀的运动,树脂被涂到已固化的树脂表面,同时未固化部分的树脂被吸附到吸附槽中,并向已固化部分进行补充。刮刀的位置如图4-40所示。

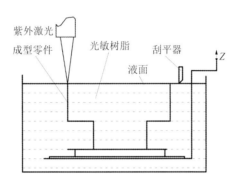

图4-40 刮刀的位置图

然而,当出现大截面时,仅采用涂刮运动难以保证可靠涂覆,可能会出现某些地方涂不满的现象。这时,需要通过"浸没"式涂覆来解决。"浸没"式涂覆是指,在当前层固化完之后,托板下降较大的深度(下潜深度)并稍作停顿(此参数在工艺参数中设置,例如5 mm)。这一步骤的作用是克服液态树脂与已固化层面的表面张力,使树脂充分覆盖已固化的一层。然后,托板上升至比上一层低一个层厚的位置,接着刮刀执行刮平操作。刮平操作的作用是把托板上升过程中堆积在零件顶层上的多余树脂刮掉。若没有这一动作,由于树脂的黏度较高,靠其自然流平需要较长时间。这一时间与零件顶层的形状有关,一般地说,连续部分面积越大,则时间越长。由于树脂的黏流特性,在刮平后,树脂液面虽比刮平前平坦,但需要等待一定的时间才能达到最佳的平整状态。

(2)Z轴运动调节机构由Z轴基板、电机、丝杠及滑块、托臂网板、平衡块等部件组成。如图4-41所示,Z轴升降模块的主要作用是带动网板上下移动并定位。网板是零件打印成型的固定平台,每固化一层,网板要下降一个层厚。Z轴采用滚珠丝杠和直线导轨结构,并采用伺服电机作为驱动元件。Z轴的上下极限位置各有一个限位开关,分别称为上限位和下限位开关,用于进行Z轴的电气限位保护和位置矫正。Z轴电机驱动丝杠,从而带动托臂网板做上下往复运动。

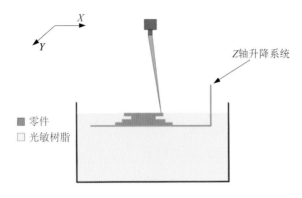

图4-41   Z轴升降系统

（3）液位调节系统由电机模组、平衡块等部件组成。如图4-42所示,电机驱动平衡块做上下往复运动,从而控制树脂槽内液位的位置。液位调节的作用是控制液位的稳定,以保证激光到液面的距离不变,使光斑始终处于焦平面上,确保每层加工的质量一致。引起液位变化的原因有很多,主要包括树脂固化的体积收缩、Z轴移动机构的升降引起树脂槽容积的变化、设备震动、电磁干扰等。BaseNode系列采用平衡块填充式液位控制原理,由液位传感器和平衡块组成。液位传感器实时检测主槽中树脂液位高度。当Z轴上升或下降时,必然引起主槽中液位变化,而平衡块则根据检测的液位值来控制自动下降或上升,以平衡液位波动,形成动态稳定平衡,从而保持液位的稳定。

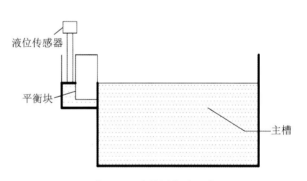

图4-42   液位调节原理图

（4）变光斑系统由电机模组、光学透镜等部件组成。电机驱动光学透镜前后往复运动,从而调节光斑直径大小。变光斑机构主要用于改变光斑的大小,以提高打印效率。控制软件根据不同的扫描区域对光斑大小进行自动调节,以实现光斑大小的改变。例如,表面轮廓线采用小光斑可以达到最佳外表质量;填充部分则采用大光斑,以缩短加工时间并提高生产效率。应用实例如图4-43所示。

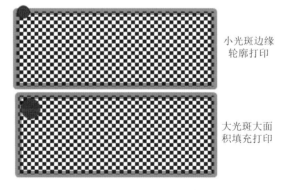

小光斑边缘轮廓打印

大光斑大面积填充打印

图4-43   变光斑应用示意图

3. 用户控制部件

打印机通过电脑程序来控制成型过程。在打印机上,安装有启动按钮、急停按钮以及其他控制开关和状态指示灯,方便用户进行操作和监控。

BaseNode 600光固化成型机的技术参数详见表4-1。

表4-1　BaseNode 600光固化成型机技术参数

成型范围	600 mm × 600 mm × 450 mm
成型精度	$L < 100$ mm: ± 0.1 mm;$L \geqslant 100$ mm: $\pm 0.1\% \times L$; 精度可能因参数、零件几何形状/尺寸、材料和环境等因素而异
扫描速度	4~12 m/s 正常 18 m/s(最大)
分层厚度	0.05~0.25 mm
光斑直径	0.12~0.6 mm(正常可变范围)0.8 mm(最大)
激光器类型	355 nm 紫外二极管泵浦固体激光器
激光器功率	3 000 mW

一、设备操作及注意事项

光固化打印操作视频

1. 运行环境

由于机器内部装有较多精密电气设备以及发热量大的精密光学仪器,如激光器,为了保证机器的稳定运行和安全,操作间必须配备空调以降低温度,温度应控制在22~26 ℃。如果温度达不到要求,激光器可能因温度过高而报警,进而停止工作。此外,操作间需要保持达到办公室5S环境标准。由于光敏树脂暴露在过于潮湿的空气中会吸收水分,导致成型的树脂变软或根本无法成型,因此在激光快速成型的房间内,必须根据房间的大小安装一台合适的除湿机,将房间内的湿度保持在40%左右。

2. 上机准备

（1）打印前检查

打印之前,检查设备网板(图4-44)是否有支撑残渣存留,若有必须清理干净。

对于打印零件高度相对较高的情况,为防止在打印过程中缸体底部有坏件阻挡网板,须在打印前进行升降网板测试。

（2）导入文件

删除桌面上之前打印过的文件。打开

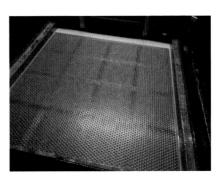

图4-44　网板

"PrintPro"软件,点击"导入切片",将需要打印的程序导入。注意核对零件的数量是否正确、支撑和实体是否有缺失、文件格式是否有误。

(3) 选择工艺包

导入完毕后,点击"准备"按钮,选择工艺包。

(4) 开始打印

点击"开始打印"按钮开始打印。

等待模拟打印时间完毕,记录打印时间。等待激光开始扫描后,操作人员方可离开。在打印进行1 h左右进行巡视,确保激光出光正常,无打印坏件情况。打印过程中仍需每2 h左右去查看零件做件情况。

3. 下机

(1) 打印结束,等待平台自动升起结束,静置5 min后,根据材料型号,戴上一次性丁腈手套将零件从网板上铲下并转移至相应的小推车上。

摆放时,应根据产品的结构选择方便树脂流出的角度,并注意零件结构的受力情况,以防止产品变形。树脂控干时间为20 min。

(2) 使用镊子和铲子将网板清理干净,确保网板上无细小碎屑。

(3) 在软件右上角点击图标"👆",弹出"基础轴"操作界面(图4-45)。

(4) 执行基础轴操作界面下方的"清洁刮刀"命令。待刮刀移动到树脂槽三分之一处后,戴上手套抚摸刮刀底部。如有异物残留,可用内六角扳手清除,确保刮刀底板无残留异物,保持光滑,无毛刺感。

图4-45　"基础轴"操作界面

二、Materialise Magics 数据处理

BaseNode 600 3D打印机导入的切片文件是在Materialise Magics软件中进行处理的。Materialise Magics 21.0软件的操作界面如图4-46所示。

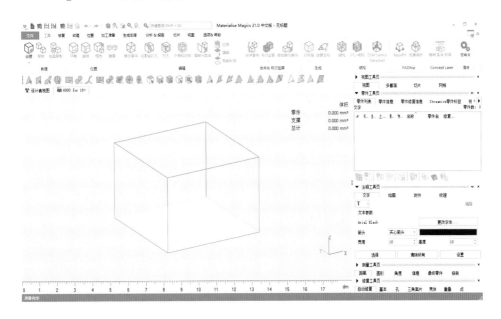

图4-46　Materialise Magics软件操作界面

1. 导入文件

（1）对于文件类型为STL格式的多个文件，可直接拖入平台，如图4-47所示。

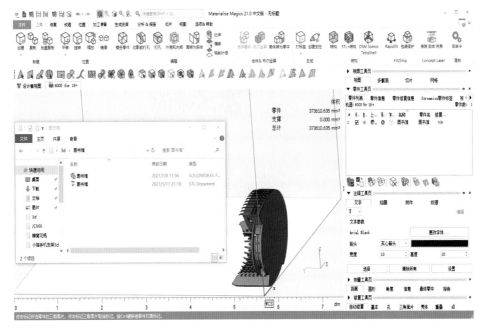

图4-47　STL文件导入

（2）若文件类型为magics格式的多个文件，选择图标"导入零件"，然后选择需要导入的magics格式文件，进行导入。如图4-48所示，跳出对话框后，勾选零件，并取消导入平台的勾选。

图4-48　magics格式文件导入对话框

模型导入Materialise Magics 21.0软件后的操作界面如图4-49所示。

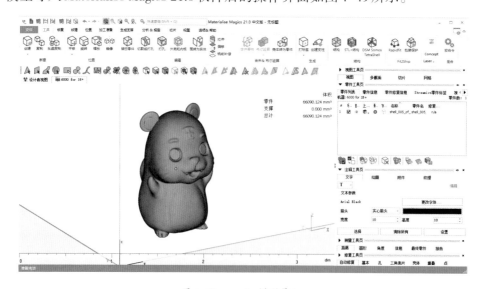

图4-49　magics模型导入

2. 文件自动检查错误和修复

对导入的零件需要进行检查，以确保其满足打印要求且没有未修复的错误，并进行简单的修复工作，如图4-50所示。

　　打开"注释工具页"下的零件列表。双击修复下方的"n/a"可查看零件是否有错误。

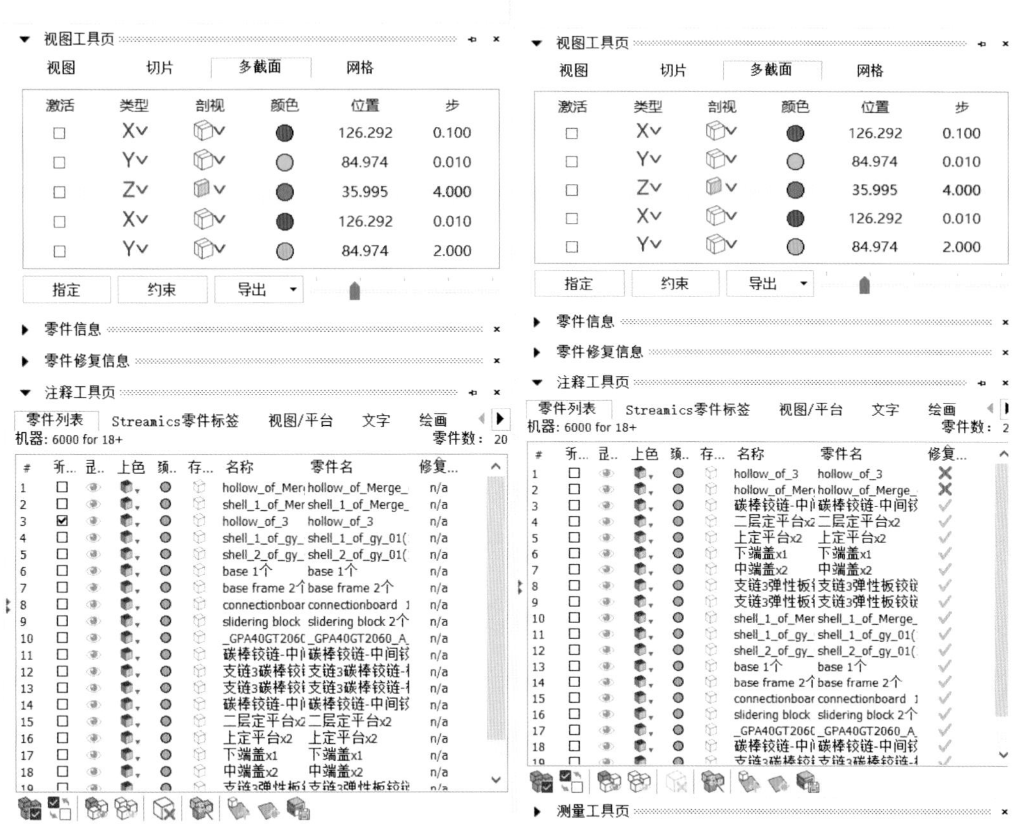

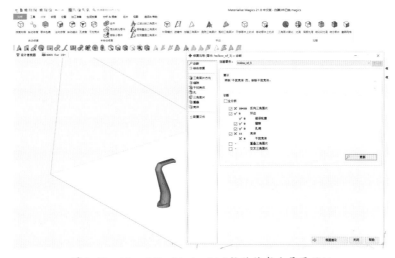

图4-50　Materialise Magics 21.0软件自动检测模型错误与修复界面

　　选择有错误的零件,点击"修复",然后点击"修复向导",再点击"诊断",如图4-51所示。依次点击"更新"—"根据建议"—"自动修复"—"更新",重复上述操作,直到错误修复完成,如图4-52所示。

图4-51　Materialise Magics 21.0软件修复向导界面(a)

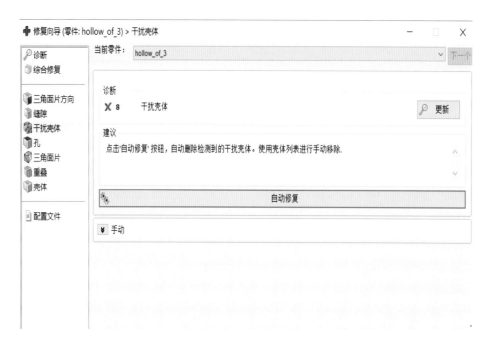

图4-51 Materialise Magics 21.0软件修复向导界面(b)

图4-52 Materialise Magics 21.0软件修复完成界面

若错误连续不能被自动修复,其主要原因可能为以下几个方面:

(1)抽壳后的零件内部为封闭的空心。

打开修复向导,壳体处显示体积负值,表示零件抽壳未打孔,如图4-53所示。

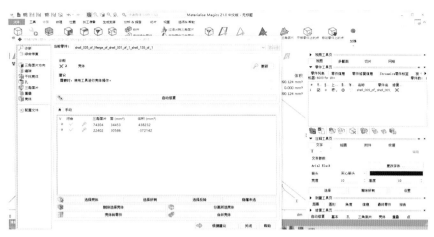

图4-53 Materialise Magics 21.0软件中未打孔零件显示界面

点击"工具"—"打孔",跳出对话框(图4-54),设置打孔参数,外圆半径根据零件最低面大小设置,点击"添加"。点击模型上添加位置,一般在最底部,方便成型后模型内部树脂流出。

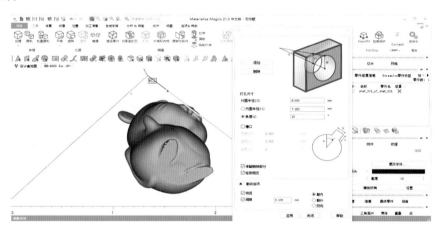

图4-54 Materialise Magics 21.0软件打孔参数设置界面

打孔完成后如图4-55所示。

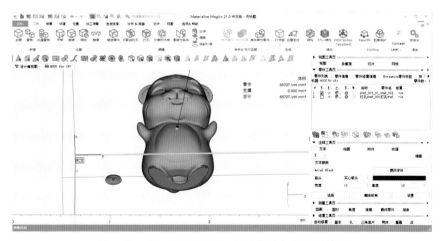

图4-55 Materialise Magics 21.0软件打孔设置界面

打孔过后再次点击修复向导,诊断零件已无错误,如图4-56所示。

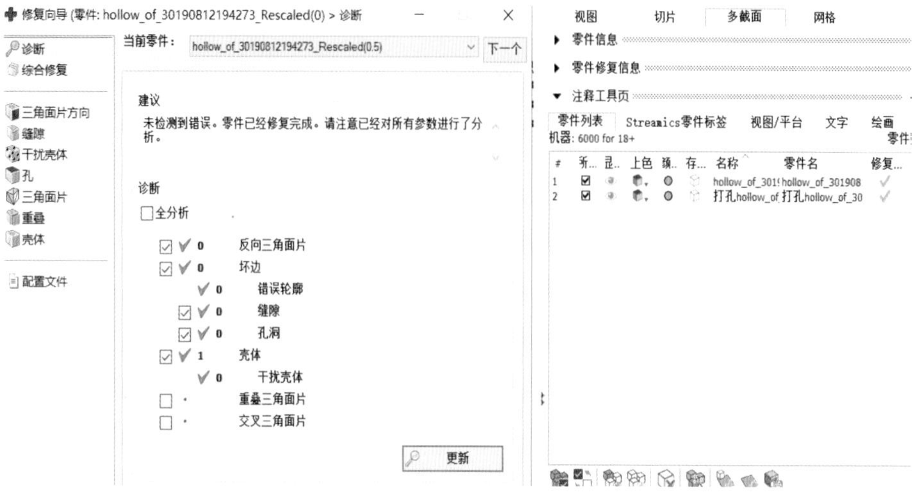

图4-56　Materialise Magics 21.0软件再次修复诊断界面

（2）零件有多个体积为0的干扰壳体,如图4-57所示。删除体积为0的壳体。原则上,体积为0的壳体不影响零件的打印,但在后续的数据处理中可能会造成电脑卡顿,干扰壳体越多,电脑反应速度越慢。

（3）零件内部多处有夹层(图4-58)。

图4-57　Materialise Magics 21.0软件体积为0的
干扰壳体修复界面

图4-58　夹层缺陷零件

　　零件内部多处夹层可通过零件包裹解决。点击修复下方的"零件包裹"命令,如图4-59所示。

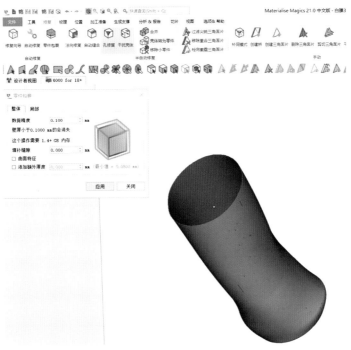

图4-59　Materialise Magics 21.0软件中的零件包裹

（4）零件有坏边

点击视图工具页下方的"显示坏边",如图4-60所示,黄色线条为坏边。

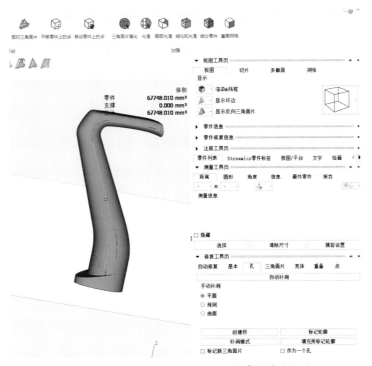

图4-60　Materialise Magics 21.0软件中的零件坏边

点击修复工具页下的"孔"命令,选择补洞模式,然后点击零件上的黄色线条,黄色线条消失,表示坏边被修复。

对于大多数无错误的文件,需要检查壁厚是否满足打印要求。SLA工艺通常的打印最小壁厚为0.4mm,若零件某部位平面越大,则需要满足的打印壁厚也越大。

3. 零件位置的摆放

对于需要添加支撑的零件来说,零件的摆放位置尤为重要。摆放位置的选择直接影响打印的质量以及工作效率。零件摆放应遵循以下几个原则:

（1）零件的层纹线不要太明显

从图4-61可以看出,3D打印并不能100%还原一个实体。由于表面分层,用放大镜观察时会看到图示的台阶效果。如果打印的是斜面,台阶效果会更加明显。斜面角度越小,台阶效果就越明显,零件表面层纹线也就越深。

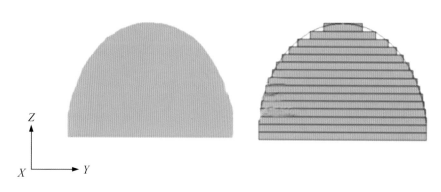

图4-61　3D打印台阶效果

摆放实例如图4-62所示。

竖直摆放可避免
台阶效果过明显

圆弧面朝上,打印台阶
明显,影响表面质量

上表面是稍有弧度的,不是一个
平面,平放会有很深的层纹

倾斜45°摆放,
可把层纹减少

图4-62　摆放实例分析

（2）避免工件复杂的特征面有较多支撑（图4-63）。

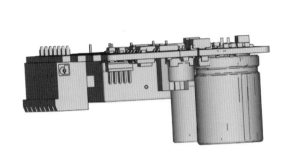 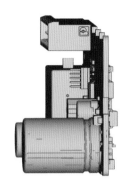

上下表面有太多的结构　　　　　　　　竖直摆放尽量避免结构上有太多支撑

图4-63　复杂工件

（3）支撑应少且易去除，同时不影响表面质量（图4-64）。

平放细杆有较多支撑，　　　　　　　　斜放避免了细杆处
去除时易断裂　　　　　　　　　　　　的支撑

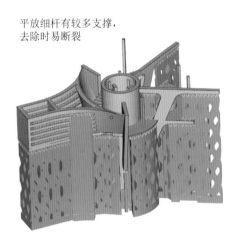 

图4-64　调整角度减少支撑产生

（4）加工时间短

在不影响质量的前提下，选择加工时间更短的方式进行摆放（图4-65）。

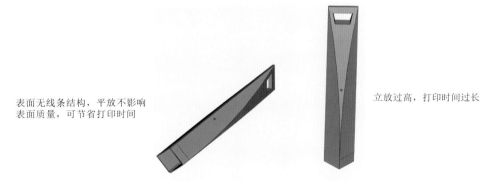

表面无线条结构，平放不影响　　　　　　　　　　　　立放过高，打印时间过长
表面质量，可节省打印时间

图4-65　调整方向降低加工时间

关于摆放的一些技巧：

最常见的摆放方式主要有以下5种，如图4-66所示。

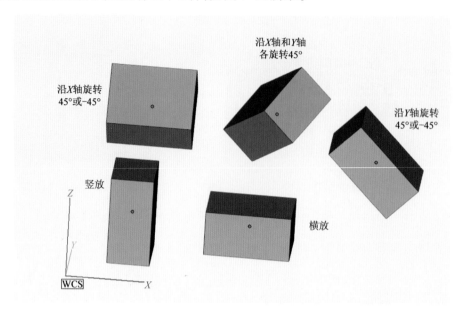

图4-66　常见摆放技巧

4. 添加支撑

由于Materialise Magics软件自带的支撑功能需要修改的部分较多，对于结构复杂的零件会花费较多时间，影响加支撑的效率。因此，在Materialise Magics软件中安装了e-Stage支撑插件。大多数情况下采用e-Stage自动支撑，然后对某些部位进行手动添加支撑。

点击"加工准备"，选择"导出平台"，如图4-67所示。

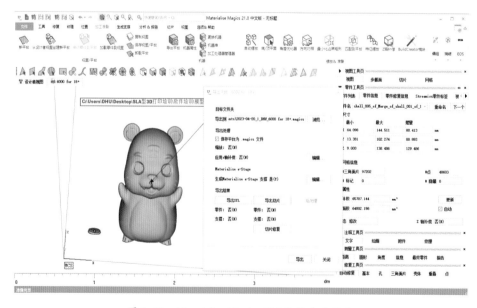

图4-67　Materialise Magics 21.0软件导出平台

导出的支撑被看作一个零件,可看到零件名,如图4-68所示。

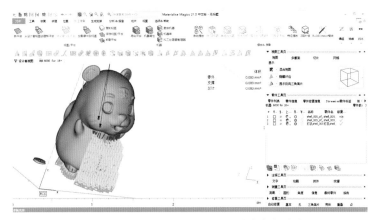

图4-68　Materialise Magics 21.0软件生成支撑零件

插件生成的支撑被当作一个零件,需要把该零件指定为支撑。选中支撑零件,点击"生成支撑",选择"指定所选零件为支撑",指定支撑后的零件如图4-69所示。

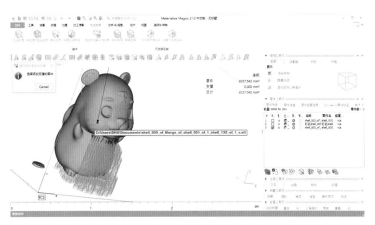

图4-69　Materialise Magics 21.0软件指定支撑后的零件

对加好支撑的零件进行保存,点击左上角"文件"—"另存为"—"项目另存为",如图4-70所示。

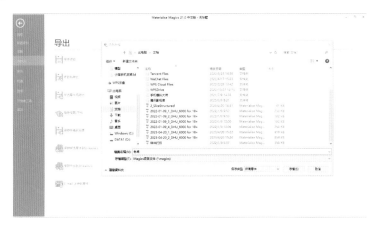

图4-70　Materialise Magics 21.0软件保存添加支撑后零件界面

5. 切片处理

点击"切片",选择"切片所有",跳出对话框后设置参数,如图4-71所示。

图4-71   Materialise Magics 21.0软件切片对话框

切片后获得CLI文件,如图4-72所示。

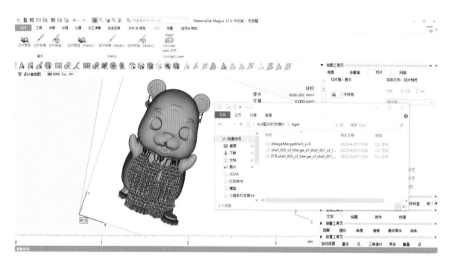

图4-72   Materialise Magics 21.0软件切片文件

6. SLA成型作品

 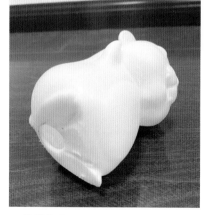

图4-73   SLA成型作品

4.3　SLS/SLM工艺的应用实例及其成型方法

4.3.1　激光选区烧结成型装备

目前,世界范围内已有多种系列和多个规格的商品化SLS(选择性激光烧结)装备,这些装备智能化程度高,运行稳定。现有SLS装备的最大成型尺寸约为1 400 mm。SLS技术除了用于成型铸造用的蜡模和砂型外,还可直接成型多种类高性能塑料零件。

在SLS装备生产方面,最知名的当属美国3D Systems和德国EOS两家公司。2001年,3D Systems公司兼并了专业生产SLS装备的美国DTM公司,继承了DTM系列SLS产品,现主要提供SPro系列SLS装备。该系列装备采用了可移除制造模块和组合粉末收集系统,提高了制造的可操作性和智能化程度。SLS装备采用30~200 W二氧化碳激光器,并配备高速振镜扫描系统,扫描速度可达5~15 m/s。其最大成型空间达550 mm × 550 mm × 750 mm,粉末层厚为0.08~0.15 mm。

德国EOS公司是近年来SLS装备销售最多、增长速度最快的制造商。其装备的制造精度、成型效率及材料种类也是同类产品的世界领先水平。EOS公司的SLS装备具体包括P型和S型多系列。其中,4个系列的P型SLS装备主要用于成型尼龙等高性能塑料零件。这些装备采用30~50 W低功率二氧化碳激光器,最大成型空间达700 mm×380 mm×580 mm。通过采用双激光扫描系统,提高了成型效率,扫描速度为5~8 m/s,层厚为0.06 ~ 0.18 mm。最新研发的P800型SLS装备可提供超过200 ℃的稳定预热环境,能直接成型耐高温的高强度PEEK塑料,成为世界上唯一可成型该类材料的SLS装备。另外,EOS公司还生产一款专门用于铸造砂型成型的S750型双激光SLS装备,其成型台面达720 mm × 720 mm × 380 mm。

国内生产和销售的SLS装备由于产品价格上的明显优势,目前占据了80%以上的国内市场份额。然而,国内SLS装备的类型和规格相对较少,设备的稳定性也较国外先进水平低。1994年,留学美国的宗贵升博士将美国的SLS技术引入中国,并与美国柔尼通材料有限公司联合成立了北京隆源自动成型系统有限公司,专门生产SLS装备。目前,该公司生产的SLS装备最大成型空间达0.7 m × 0.7 m,整体性能与国外先进水平相当。

华中科技大学从20世纪90年代末开始研发具有自主知识产权的SLS装备与工艺,并通过武汉华科三维科技有限公司实现商品化生产和销售。该校最早研制了0.4 m × 0.4 m工作面的SLS装备。2002年,该装备将工作台面升至0.5 m × 0.5 m,超过了当时国外SLS装备的最大成型范围(美国DTM公司研制的SLS设备最大工作台面为0.375 m × 0.33 m)。生产的SLS设备可直接成型低熔点塑料,间接成型金属、陶瓷和覆膜砂等材料。2005年后,该单位通过对高强度成型材料、大台面预热技术以及多激光高效扫描等关键技术的研究，陆续推出了 1 m × 1 m、1.2 m × 1.2 m、1.4 m × 0.7 m 等系列大台面 SLS 装备。在成型尺寸方面，这些装备远超国外同类技术（目前，国外最大成型空间为德国 EOS 的装备，仅有 700 mm 左右）。在成型大尺寸零件方面具有世界领先水平，形成了一定的产品特色。

例如，激光烧结（SLS）系列 ProX 500 设备制作出来的部件具有卓越的机械性能、精度、分辨率和表面光洁度。ProX 500 Plus prints 系统还能使用其他材料打印，比如玻璃填充以及铝和纤维填充的材料。另外，该设备还配有先进的材料质量中心（MQC）模块，确保材料可以循环再用，实现高效、无污染的自动化生产。

4.3.2　激光选区熔化成型装备

SLM（选择性激光熔化）的核心器件包括主机、激光器、光路传输系统、控制系统和软件系统等几个部分。

1. 主机

SLM 全过程均集中在一台设备中，主机是构成 SLM 设备的最基本部件。从功能上分类，主机又由机架（包括各类支架、底座和外壳等）、成型腔、传动机构、工作缸/送粉缸、铺粉机构、气体净化系统（部分 SLM 设备配备）等部分构成。

（1）机架：主要起到支撑作用，一般采取型材拼接而成。但由于 SLM 中金属材料质量大，一些承力部分通常采取焊接成型。

（2）成型腔：是实现 SLM 成型的空间，在里面需要完成激光逐层熔化和送铺粉等关键步骤。成型腔一般需要设计成密封状态，某些情况下（如成型纯钛等易氧化材料）还需要设计成可抽真空的容器。

（3）传动机构：实现送粉、铺粉和零件的上下运动，通常采用电机驱动丝杠的传动方式。但为了获得更快的运动速度，铺粉装置也可采用皮带方式。

（4）工作缸/送粉缸：主要是储存粉末和零件，通常设计成方形或圆形缸体。内部设计可上下运动的水平平台，实现 SLM 过程中的送粉和零件上下运动功能。

（5）铺粉机构：实现 SLM 加工过程中逐层粉末的铺放，通常采用铺粉辊或刮刀（金属、陶瓷和橡胶等）的形式。每层激光扫描前，铺粉机构在传动机构驱动下将送粉缸提供的粉末铺送到工作缸平台上。铺粉机构的工作特性（如振动幅度、速度和长期稳定性等）直接影响零件成型质量。

（6）气体净化系统：主要是实时去除成型腔中的烟气，保证成型气氛的清洁度。另外，为了控制氧含量，还需要不断补充保护气体，有些还需要控制环境湿度。

2. 激光器

激光器是 SLM 设备提供能量的核心功能部件，直接决定 SLM 零件的成型质量。SLM

设备主要采用光纤激光器,光束直径内的能量呈高斯分布。光纤激光器指用掺稀土元素的玻璃光纤作为增益介质的激光器。作为输出光源,其主要技术参数有输出功率、波长、空间模式、光束尺寸及光束质量。图4-74为光纤激光器结构示意图,掺有稀土离子的光纤芯作为增益介质,掺杂光纤固定在两个反射镜间构成谐振腔。泵浦光从M1入射到光纤中,从M2输出激光,具有工作效率高、使用寿命长和维护成本低等特点。其主要工作参数包括激光功率、激光波长、激光光斑、光束质量。

图4-74　光纤激光器结构示意图

3. 光路传输系统

光路传输系统主要实现激光的扩束、扫描、聚焦和保护等功能,包括扩束镜、f-聚焦镜(或三维动态聚焦镜)、振镜、保护镜。

4. 控制系统

SLM设备属于典型数控系统,成型过程完全由计算机控制。由于主要用于工业应用,通常采用工控机作为主控单元,主要包括电机控制、振镜控制(实际上也是电机驱动)、温度控制、气氛控制等。电机控制通常采用运动控制卡实现,振镜有配套的控制卡;温度控制采用A/D(模拟/数字)信号转换单元实现,通过设定温度值和反馈温度值调节加热系统的电流或电压;气氛则根据反馈信号值,对比设定值控制阀门的开关(开关量)即可。

5. 软件系统

SLM需要专用软件系统实现CAD模型处理(纠错、切片、路径生成、支撑结构等)、运动控制(电机、振镜等)、温度控制(基底预热)、反馈信号处理(如氧含量、压力等)等功能。商品化SLM设备一般都有自带的软件系统,其中很多商品化SLM设备(包括其他类型的增材制造工艺设备)使用比利时Materialise公司的Magics通用软件系统。该软件能够将不同格式的CAD文件转化输出到增材制造设备,修复优化3D模型、分析零件、直接在STL模型上做相关的3D变更、设计特征和生成报告等。与特定的设备相匹配,可实现设备控制与工艺操作。

4.3.3　SLS/SLM应用实例

中国航天科技集团研发的世界首例卫星主体轻量化点阵结构,采用了金属3D打印技术,并由北京鑫精合公司承制。通过点阵网格优化设计,实现了减重目标(图4-75)。

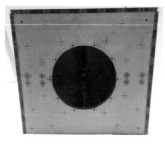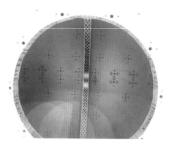

图4-75   点阵网格优化结构+四周密布的细小空隙

2023年3月22日,由Relativity Space公司研发制造的人族一号(Terran 1)火箭(图4-76)在美国佛罗里达州卡纳维拉尔角太空部队的16号发射场成功升空。人族一号是目前世界上最大的3D打印物品,它由两级组成,高约33.5 m,宽约2.2 m,重9.28 t。其85%的组件由合金金属材料通过3D打印而成。在很多行业看来,85%的3D打印比例可能并不高,但对于航天领域来说,这却意味着一个里程碑式的突破。据Relativity官方介绍,尽管很多新型火箭都采用了3D打印技术,但3D打印的零部件占比通常都不超过4%。而人族一号的绝大部分零件,包括最为关键的Aeon 1甲烷液氧发动机,以及推进剂罐、反应控制推进器、加压系统等核心系统,均由3D打印完成。得益于3D打印技术的应用,Relativity能够在60天内制造一枚火箭,这比传统的生产方式快了10倍。同时,制造零件的数量也仅为过去的1%。

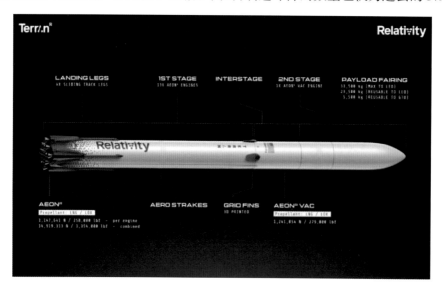

图4-76   人族一号(Terran 1)火箭

4.4   3DP工艺的应用实例及其成型方法

三维打印成型(Three Dimensional Printing,3DP),又称为喷墨粘粉式技术、黏合剂喷射成型。美国材料与测试协会增材制造技术委员会(ASTM F42)将3DP的学名定为黏合剂喷射(Binder Jetting)。黏合剂喷射3D打印技术,在业界被众多专家认为是真正可以大规模量产的一条技术路线,未来有望进入民用领域,应用于社会化大制造。

黏合剂喷射技术由美国麻省理工学院于1989年提交专利申请,1993年获得授权。1995年,麻省理工学院将黏合剂喷射技术授权给Z Corporation公司进行商业应用。Z Corporation公司在获得黏合剂喷射技术授权后,自1997年以来陆续推出了一系列黏合剂喷射打印机。后来,该公司被3D Systems收购,并开发出3D Systems的Color Jet系列打印机。黏合剂喷射技术打印设备的内部构造如图4-77所示。

黏合剂喷射打印技术使用的原材料主要是粉末材料,如陶瓷、金属、石膏、塑料粉末等。该技术利用黏合剂将每一层粉末黏合到一起,通过层层叠加而成型。与普通的平面喷墨打印机类似,在黏结粉末材料的同时,加上有颜色的颜料,就可以打印出彩色的物品。Z Corporation公司于2005年推出了世界第一台彩色3D打印机Spectrum Z510(图4-78),主要适用于石膏粉末以及塑料粉末等。该设备利用黏合剂将石膏粉末黏结在一起,逐层堆积成三维实体。其特点是成型速度快,可以打印全彩色模型、大型建筑物以及沙盘模型,适用于建筑、艺术、装饰等领域的模型及构件制作。Spectrum Z510的问世,标志着3D打印从单色迈向多色时代。

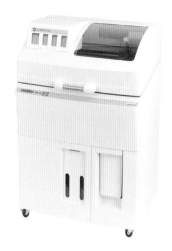

图4-77　黏合剂喷射技术打印设备的内部构造图　　　　图4-78　Spectrum Z510

黏合剂喷射打印技术是目前比较成熟的彩色3D打印技术,其他技术一般难以做到彩色打印。和许多激光烧结技术类似,黏合剂喷射打印也使用粉末床(powder-bed)作为基础。但不同的是,黏合剂喷射打印使用喷墨打印头将黏合剂喷到粉末里,而不是利用高能量激光来熔化烧结。黏合剂喷射打印的设备根据打印材料的不同,也有很多种类。黏合剂喷射打印出的成品如图4-79所示。

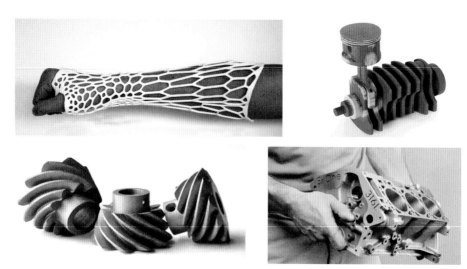

图4-79　黏合剂喷射打印作品

　　黏合剂喷射成型系统的关键部件是黏合剂喷嘴。喷嘴的作用是将黏合剂以微粒的形式准确地喷射到铺平的粉末表面上。成型过程中的成型速度、成型物体的尺寸、误差控制、成型物体的表面质量等各方面均与喷嘴有很大的关系。喷嘴的喷射效率由喷嘴的数量决定,而成型的速度、喷嘴内径的大小则会影响喷射出的黏合剂微粒的大小,从而进一步影响"基本体"的尺寸。喷嘴的状况还决定着黏合剂微粒喷射出时的方向,这会影响黏合剂微粒在粉末材料表面的定位精度。

　　从喷嘴的工作形式上看,主要有间断式喷嘴和连续式喷嘴两种。间断式喷嘴一次只能喷射一粒黏合剂微粒,而连续式喷嘴则能持续喷射,喷出的黏合剂形成一条线。间断式喷嘴由于易于控制而表现出较好的性能,它还可以根据其工作原理的不同进一步分成气泡式和压电式两种。气泡式喷嘴靠加热使黏合剂汽化膨胀而将喷嘴内的黏合剂喷出来,但该喷嘴存在一个问题,就是黏合剂受热后易凝结堵住喷嘴,导致喷嘴不能正常工作。相对而言,压电式喷嘴控制简单且不易堵塞,因此表现出更好的特性。

　　如图4-80(a)所示,圆片式压电晶体的两面镀有一层薄的金属作为两个电极,将圆片贴在金属薄膜上,此金属薄膜直接与黏合剂接触。当在电极上加电压脉冲时,圆片式压电晶体即在垂直于电场方向发生变形,但平行于电场方向的变化很小,可忽略不计。由于垂直于电场方向的变形使金属薄膜向液体腔弯曲,因而在液体腔中产生压力将一粒黏合剂微粒挤出。图4-80(b)展示了一种带圆片压电晶体的喷嘴结构的剖面图。金属薄膜和粘在其上的压电晶体一起固定在金属板上。在此板上有一个锥形液体腔和液体通道,黏合剂即从此处进入液体腔。与金属相连的是塑料零件,其上有通道与喷嘴板上的喷嘴相连。为了更好地形成黏合剂微粒并防止气泡进入黏合剂中,采用了锥形液体腔结构,并且让黏合剂从顶部切向进入液体腔,这样有利于将气泡从喷嘴中挤出。

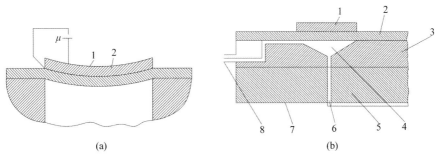

1—压电片；2—薄膜；3—基底；4—腔室；5—喷嘴；6—喷孔；7—底面；8—黏合剂进口

图4-80 圆片式压电金属喷嘴

目前,关于黏合剂喷射技术的研究与应用主要集中在砂型打印领域,其次是在基于黏合剂喷射的金属3D打印领域。武汉易制、宁夏共享、隆源成型等国内公司通过自主研发设备,成功实现了黏合剂喷射在砂型打印中的应用,并进一步地将该技术应用于金属3D打印,实现了基于黏合剂喷射技术的金属3D打印设备的开发。部分国内开发的黏合剂喷射技术的金属3D打印设备还可实现对个别类型的陶瓷粉末的3D打印,但专门针对黏合剂喷射技术的陶瓷3D打印设备仍处于研发阶段。

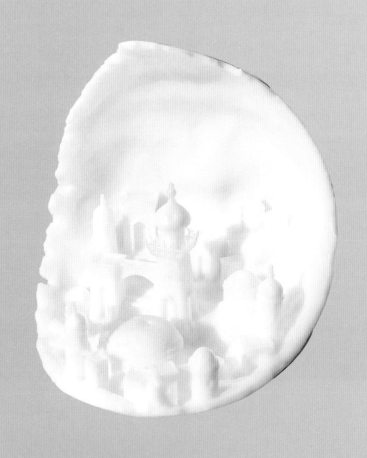

第五章 ● 个性化产品设计及实现

5.1　3D打印创意产品设计

5.1.1　利用犀牛Rhino7创建眼镜模型

1.绘制镜框曲线

根据眼镜的特征,在Rhino软件界面正视图绘制眼镜镜片的轮廓框架。运用椭圆工具绘制眼镜镜片的图形,再运用偏移曲线命令,往外偏移,偏移宽度为3 mm,绘制镜架轮廓,如图5-1所示的曲线。

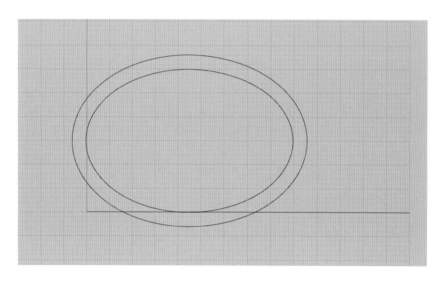

图5-1　镜架轮廓曲线

绘制镜架转折部分曲线,注意所绘制的曲线要在一个平面,并且上下位置对齐,如图5-2所示。

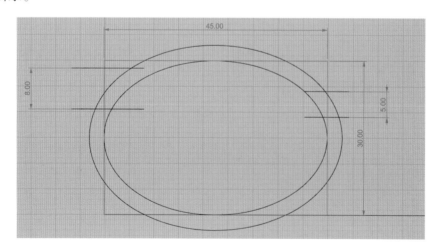

图5-2　绘制镜架转折曲线(单位:mm)

2. 绘制侧面镜架曲线

捕捉转折位置的端点,在右视图中绘制侧面镜架曲线。镜架长度绘制为120 mm。用控制点曲线命令,绘制曲线,调整控制点位置,达到如图5-3所示曲线状态。

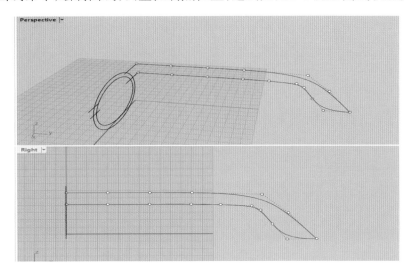

图5-3　侧面镜架曲线

3. 制作镜架整体曲线

在正面曲线和侧面曲线的转折处进行倒圆角,圆角半径3 mm,如图5-4所示。

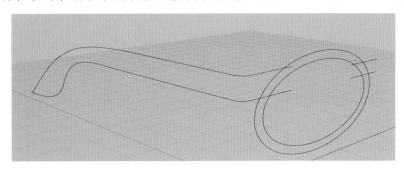

图5-4　转折曲线倒圆角

使用分割命令,分别打断外圆曲线和四条水平线,外圆圆弧被打断成4段。删除多余的线条,如图5-5所示。

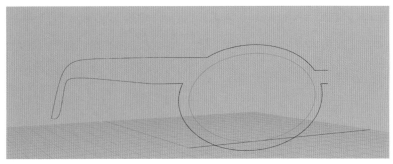

图5-5　去除多余线段后的眼镜轮廓

应用曲线倒圆角命令,对圆弧与镜架转折部分进行倒圆角,圆角半径如图5-6所示。

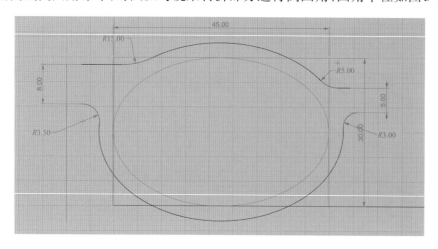

图5-6　边线倒圆角(单位:mm)

使用组合命令,将镜架曲线进行组合,如图5-7所示。

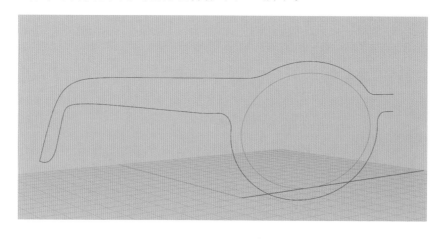

图5-7　组合线条

使用偏移命令,偏移镜架轮廓曲线,偏移距离2 mm,得到图5-8所示线条。

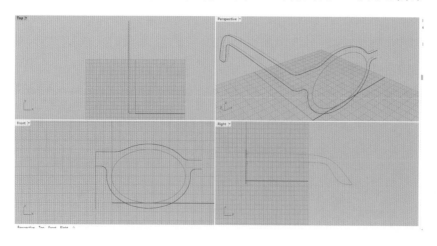

图5-8　镜架4条轮廓曲线

4. 制作镜架曲面

制作镜架前表面,绘制如图5-9所示截面结构线。打开"中点""最近点""垂直点"的捕捉功能,在转折处及中点处添加结构线。

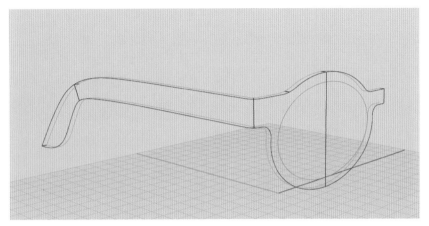

图5-9　绘制镜架前表面、上表面截面结构线

用"以网线建立曲面"命令建立前表面曲面,如图5-10(a)所示。选中曲线(黄色),设置公差选项中的"边缘曲线"和"内部曲线"的参数为"0.001",如图5-10(b)所示曲面。

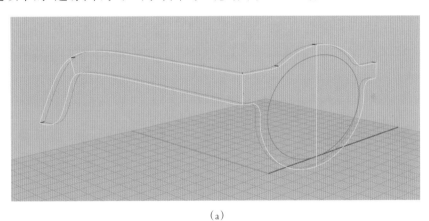

(a)

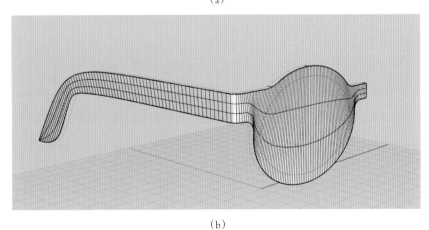

(b)

图5-10　构建镜架前表面

方法同上构建镜架背面曲面,如图5-11所示。

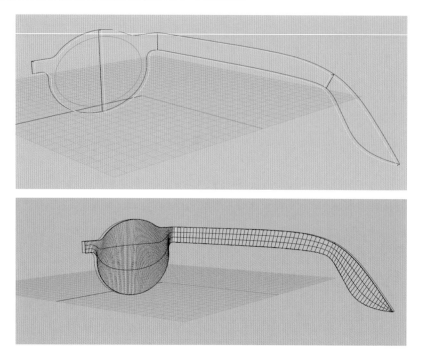

图5-11　构建镜架背面曲面

绘制如图5-12(a)所示镜架上下表面截面结构线。利用"双轨扫掠",制作镜架上下表面,如图5-12(b)所示下表面曲面,上表面同上。

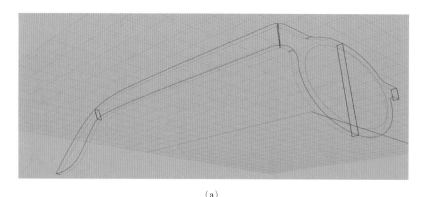

(a)

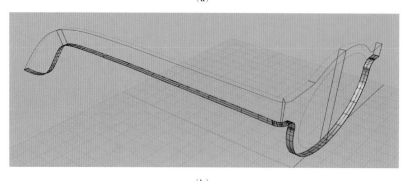

(b)

图5-12　构建镜架上、下曲面

眼镜镜架大的曲面制作完成,利用"组合"命令,组合4个曲面,如图5-13所示。如果出现曲面组合不了,在确认曲面没有问题的情况下,将Rhino选项的默认绝对公差从0.001修改为0.01即可。

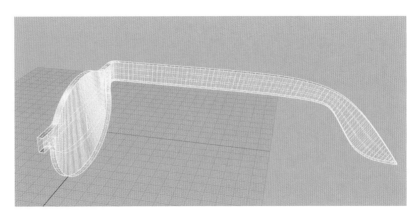
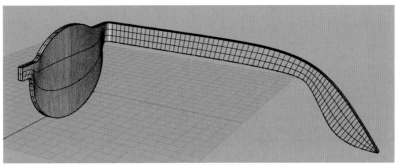

图5-13　组合镜架4个曲面

5. 切割出镜片部分

选择曲线(在步骤1中已经绘制好),选择"直线挤出"命令,拉伸出实体,如图5-14所示。

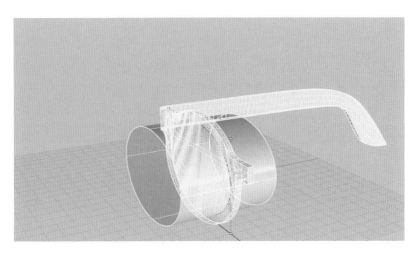

图5-14　拉伸曲线成实体

制作镜架镜片空腔造型。选择分析方向命令,调整镜架法线朝外。使用"布尔运算差集"命令,先选镜架,后选圆柱体,镜架被圆柱体分隔,得到如图5-15所示造型。

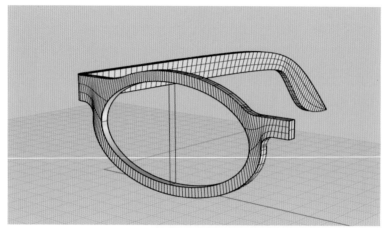

图5-15   制作镜架镜片空腔造型

6. 制作眼镜鼻梁部分

绘制如图5-16曲线。选择"直线挤出"命令,拉伸曲线成曲面。

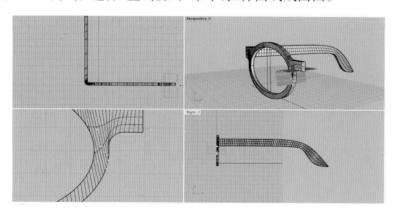

图5-16   拉伸曲线成实体

选择"分析方向"命令,调整曲面法线方向,如图5-17所示。

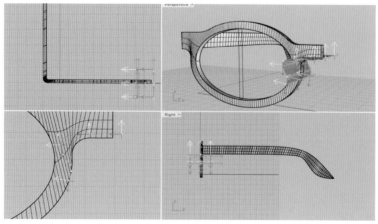

图5-17   曲面法线调整

使用"分割"命令,切割曲面,如图5-18所示。选择镜架和曲面,获得组合镜架曲面。

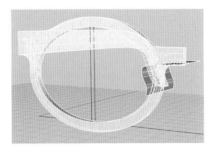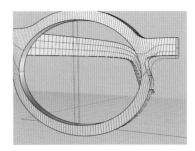

图 5-18　镜架曲面

7. 镜像镜架另一半

选择"镜像"命令,以鼻梁处截面点为基准点,镜像得到眼镜镜架的整体造型,如图5-19所示。

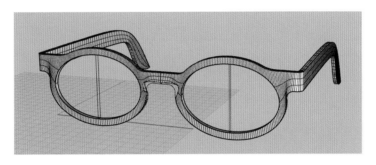

图 5-19　镜像眼镜镜架

渲染模式下镜架如图5-20所示。

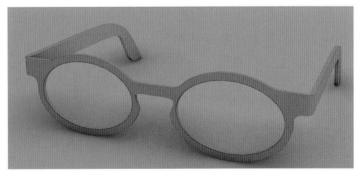

图 5-20　渲染眼镜架

5.1.2　利用手持式三维扫描仪创建设计模型

利用HSCAN/PRINCE系列手持式激光三维扫描仪(该设备详细信息参见第三章3.2节),对石膏模型进行扫描,具体扫描步骤如下。

1. 扫描仪标定与样品准备

样品选用罗马建筑石膏像作为示例,按照第三章3.2小节的指导,完成扫描仪的标定。在石膏模型上按照贴标记点的相关原则贴好标记点,如图5-21所示。

2. 扫描标记点并优化

对贴好的标记点进行扫描,并进行优化处理,以确保标记点的准确识别,如图5-22所示。

 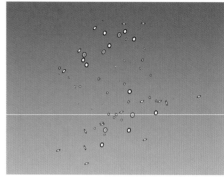

图5-21　贴好标记点模型　　　　　　　图5-22　标记点扫描

3. 激光面片扫描与点云处理

使用激光面片扫描功能对石膏模型进行全面扫描。将扫描得到的激光点云进行编辑处理,删除多余的部分,如图5-23所示。将处理后的模型保存为工程文件,以便后期使用。

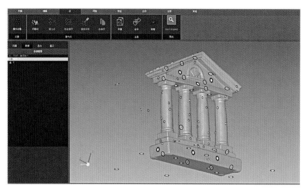

图5-23　面片扫描

4. 模型文件拼接

将扫描得到的两个工程文件进行拼接。拼接方法可选择激光点拼接或标记点拼接。本书展示的是采用标记点进行拼接,如图5-24所示。

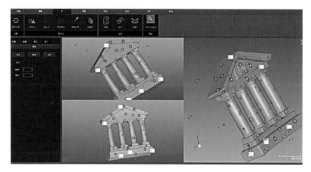

图5-24　拼接模型

5. 模型网格化处理

对拼接好的模型文件进行网格化处理，以生成可用于后续处理的网格模型，如图5-25所示。

6. 网格编辑与特征处理

对网格化后的模型进行网格编辑，包括补洞等操作，如图5-26所示。也可将扫描的点云文件导入相应的处理软件（如Geomagic）中进行进一步的特征处理。然后，将处理好的模型进行封装，并保存为STL格式文件。

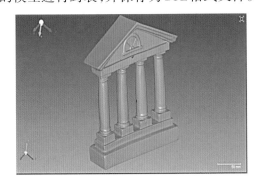 

图5-25 网格化后模型　　　　　　　　　图5-26 网格处理模型

7. 打印制作

将保存为STL格式的模型导入打印机中进行打印制作。打印完成的原型如图5-27所示。

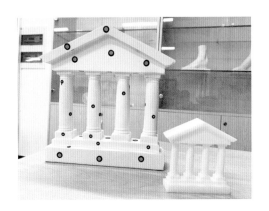

图5-27 扫描原型制作

5.2 个性化产品的成型

以5.1.3中的眼镜模型为例，利用FDM打印机进行模型制作，成型原型如图5-28所示。

制作完成后，使用铲子将模型从打印平台的面板上取下来，如图5-29所示。该模型包括成型部分和支撑部分两部分。

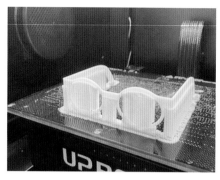

图5-28　眼镜原型制作

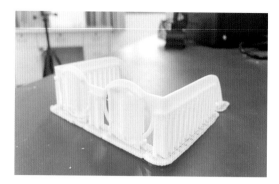

图5-29　眼镜原型

5.3　产品的后处理

后处理主要包括以下几个方面:

1. 去除支撑结构

在打印悬空结构时,会额外打印支撑结构,这部分需要去除。一般采用硬性去除方法,并结合抛光等后处理进行。比较先进的技术包括:使用溶解性不同的材料打印支撑结构,然后在特定溶剂里溶解支撑结构以得到打印物体;使用不同熔点的材料打印支撑结构,利用鼓风干燥箱设定合适的温度,将支撑部分熔化;在支撑结构设计时减小连接处的填充率,以方便去除等。

2. 抛光

3D打印出来的物品表面可能会比较粗糙(例如SLS金属打印),因此需要进行抛光处理。抛光的方法包括物理抛光和化学抛光。通常使用的技术有砂纸打磨、抛光液处理、珠光处理和蒸汽平滑等。

3. 上色

并非所有常用的3D打印技术都具备成熟的彩色打印技术,同时考虑到成本等因素,可能需要对打印出来的单色物体进行上色处理,例如ABS塑料、光敏树脂、尼龙、金属等物品。

4. 增强成型强度

对于以粉末为材料的3D打印,为实现加强物体成型强度及延长保存时间的目的,可进行静置、强制固化、去粉等处理。静置可使成型的粉末和黏合剂之间完全固化,尤其是对于以石膏或者水泥为主要成分的粉末;当物体具有初步硬度时,可根据不同类别采取外加措施进一步强化作用力,例如通过加热、真空干燥、紫外光照射等方式。之后通过扫、吹、振动等方式去除表面多余粉末。

5. 长久保存处理

主要可通过包覆等方式,在物体表面涂以防护材料。

6. 表面涂覆

对于三维打印成型工件,典型的涂覆方法有喷刷涂料、金属电弧喷涂、等离子喷涂,以及电化学沉积等。

本案例采用手动剥离的方式将支撑部分去除干净,如图5-30所示。

使用如图5-31所示的锉刀进行局部打磨,去除表面大的毛刺。

图5-30　去除支撑　　　　　　　　　　图5-31　打磨

选择相应的抛光液对表面纹路进行抛光处理,使制件表面光滑并淡化纹路,如图5-32所示。

最后将处理好的零件进行上色处理,如图5-33所示。

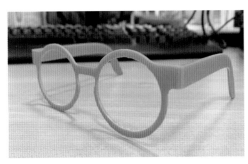 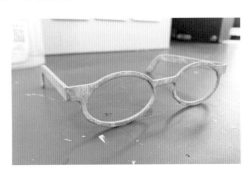

图5-32　抛光　　　　　　　　　　　图5-33　上色

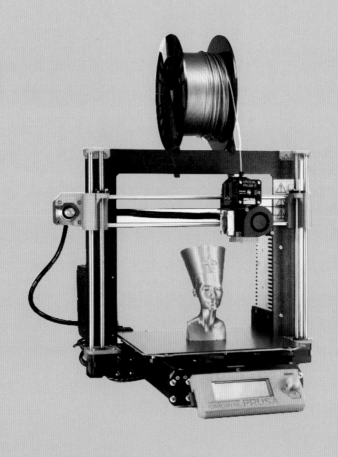

第六章 FDM 3D打印机组装

6.1　FDM 3D打印机主要部件及其作用

FDM 3D打印机主要部件包括耗材冷却风扇、热床载物平台、耗材卡紧螺母、传动齿轮、挤出机、挤出机风机、PTFE送丝管、分层文件、散热器、液晶显示操作面板、控制软件、步进电机总成、黄铜喷嘴、电源、耗材料架、USB电缆。

各部件的功能如下：

(1) 耗材冷却风扇：用于冷却打印中的模型，风速大小可根据打印情况进行调整。

(2) 热床载物平台：模型将在热床上成型，热床可具备加热作用，避免模型打印过程中变形。

(3) 耗材卡紧螺母：挤出机上的一个配件，主要是将耗材卡紧到传动齿轮上，避免耗材打滑。

(4) 传动齿轮：用于将耗材送入喷头加热器中，便于挤压耗材纤维丝。

(5) 挤出机：用于把耗材送入喷头并挤压纤维丝，随后在载物平台上搭建模型。

(6) 挤出机风机：用于对挤出机电机和挤出机总成散热，防止挤出机温度过高造成耗材阻塞。

(7) PTFE送丝管：用于将耗材从耗材盘里正确引导入挤出机。

(8) 分层文件：用于描述3D模型的打印路径。打印机会将设计的模型转化成分层文件，随后传输到机器上。

(9) 散热器：用于给温度过高部件散热，高温时请不要触碰。

(10) 液晶显示操作面板：用于显示机器的运作状态，并进行脱机打印等操作，通常位于机器的上部。

(11) 控制软件：用于3D模型在转化成分层文件之前的编辑工作，还可以将转换后的分层文件传送到3D打印机上。

(12) 步进电机总成：由步进电机和驱动块、散热风扇等构成，用于将耗材推进挤出机中。

(13) 黄铜喷嘴：一般口径是0.4 mm，位于挤出机的底部，用于将耗材挤压成纤维丝并在热床上搭建出制作的模型。

(14) 电源：AC(Alternating Current，交流电)电源，为3D打印机提供动力。

(15) 耗材料架：用于放置耗材，以保证耗材安全地进入挤出机内。

(16) USB电缆：用于将计算机连接到3D打印机，使用USB接口通信。

6.2　FDM 3D打印设备的主要组成部分

FDM 3D打印机主要由三轴运动系统、喷头系统、控制系统组成。

1. 三轴运动系统

三轴运动是3D打印机进行三维制件的基本条件。三个轴分别由三个步进电机独立控制,X-Y轴组成平面扫描运动框架,由步进电机驱动控制喷头的扫描运动;Z轴由步进电机驱动控制工作台做垂直于X-Y平面的运动。三轴运动系统清晰简单,独立控制的三轴使得机器稳定性、打印精度和打印速度能维持在比较高的水平。如图6-1所示。

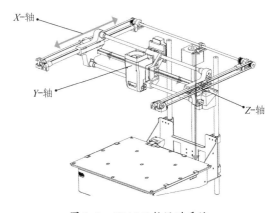

图6-1　FDM三轴运动系统

2. 喷头系统

如图6-2所示,喷头系统由冷却风扇、通风管道、传动齿轮、喷嘴、风速操纵杆、自动调平探头组成。在成型室内挤出热熔材料,通过黏接、熔接、聚合等手段将连续的薄型层面逐层堆叠成一体,是3D打印设备的关键部件。在两个步进电机的带动下,通过同步带传动可以实现高温喷头沿着直线光轴做X-Y方向的联动。打印平台在一个步进电机的驱动下,通过丝杆传动将电机轴的旋转运动转换成整个工作台支架沿着直线光轴在Z轴方向上的直线运动。送丝装置采用齿形挤出机构,将丝状耗材挤入加热块,熔融后经过高精度的黄铜喷嘴喷涂在打印平台上。

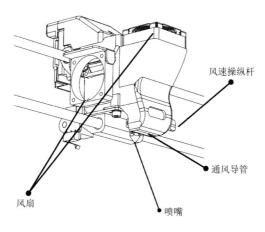

风速操纵杆

通风导管

风扇

喷嘴

图6-2　喷头系统

3D打印机普遍使用PMD的喷头,其机械结构复杂。喷嘴吐丝的吐出量主要由进料的步进电机控制,挤出材料的速度以及稳定性直接影响材料挤出的质量。因此,除了对步进电机的速度进行严格控制外,还需要对喷头的温度进行精准的控制。

3. 控制系统

控制系统由位置控制模块、送丝控制模块、温度控制模块组成。

位置控制模块一般由步进电机、驱动电路、位移检测装置、机械传动装置和执行部件等部分构成。该控制模块的作用是接收数控系统发送的位移大小、位移方向、速度和加速度指令信号,由驱动电路进行一定的转换与放大后,经电机和机械传动装置驱动设备上的工作台、主轴等部件实现打印工作。根据FDM成型原理和精度要求,位置控制系统必须满足调速范围广、位移精度高、稳定性好、动态响应快、反向死区小、能频繁启停和正反运动的要求。

送丝控制模块必须提供足够的驱动力,以克服高黏度熔融丝材通过喷嘴的流动阻力,而且要求送丝平稳可靠。因此,选用大功率直流电机作为驱动装置。送丝速度需要根据工艺要求进行调节,与填充速度相匹配。

FDM设备对温度的要求非常严格,需要控制三个温度参数,分别是喷头温度、打印平台温度和成型室温度。热熔材料的堆积性能、黏结性能、丝材流量和挤出丝宽度都与喷头温度有直接关系。打印平台温度和成型室温度会影响成型零件的热应力大小。温度太低,从喷头挤出的丝材急剧变冷会使得成型零件热应力增加,容易引起零件翘曲变形;温度过高,成型零件热应力会减小,但零件表面容易起皱。因此,工作台温度和成型室温度必须控制在一定的范围内。

6.3　3D打印机机电模块介绍

机电控制系统主要由温度检测模块、上位机通信模块、SD卡模块、按钮输入模块等构成。输入模块采集到的信息经过MCU处理,控制相应的喷头加热模块、XYZ轴步进电机驱动模块、进料步进电机驱动模块、出料散热风扇驱动模块、显示屏等输出设备,完成整个机电系统的控制流程。以下对主控制器、电机、限位开关、操作控制展示、通信、SD卡、挤出机单元等各个模块进行详细介绍:

1. 主控制器

主控制器相当于电脑的CPU+内存+硬盘等组合,程序储存在主控制器的Flash内。接通电源后,主控制器根据程序执行操纵电机、展示信息、接纳按键输入、通信等功能。

2. 电机

分为 X、Y、Z、E 轴，其中 X、Y、Z 轴负责操纵打印空间的位置，E 轴负责操纵耗材的挤出和回抽。一般选用步进电机，因为它具有快速启停、高精度、没有累计误差、能够直接接收数字信号，以及不需要位移传感器就可以达到较精确定位等特点，非常适用于3D打印系统在 X、Y、Z 轴的运动控制。每通电一次，转子就走一步，各相绕组轮流通电一次，转子就转过一个锯齿。

3. 限位开关

打印机 X、Y、Z 轴可能会出现被手动挪动或打印过程中丢步等问题，这样主控制器就无法合理获得打印头和平台所在的位置。可以让打印头和平台朝一个方向一直挪动，直至撞击限位开关。撞击限位开关后，主控制器会获得打印头和平台当前所在限位开关的位置，一般将该位置设为坐标原点。随后，主控制器会操纵打印头和平台在容许的空间内挪动，以防止碰到机器边缘。限位开关常见的有机械开关和光电开关两种。

4. 操作控制展示

打印机的挪动、打印、加热等操作需要由人或电脑下发指令。大多数机器都配备有按键+显示器、旋钮+显示器或触摸显示屏等，以便对机器进行操作和状态展示。有些3D打印机没有配备显示屏和操纵按钮，而是选用USB接口或无线方式进行操纵和使用。

5. 通信

打印机能够与电脑连接，进行操纵和获取打印机状态等信息。

6. SD卡

SD卡一般用于脱机打印。将需要打印的文件分层处理后存放到SD卡中，然后将SD卡插入3D打印机进行打印。这样可以防止电脑长时间开机或与电脑通信中断导致打印失败。

常见的存储设备有SD卡、U盘、TF卡和硬盘等。其中，SD卡和TF卡存储空间大、价格实惠、性能可靠且传输稳定，还含有一个"写入保护开关"。TF卡的尺寸比SD卡更小。U盘轻巧方便随身携带，存储空间大且价格实惠。硬盘则容量大但体积也比较大。

7. 挤出机单元

打印头也称为挤出机。一般PLA耗材打印时需要加热到210 ℃，ABS则需要加热到260 ℃，将其加热成熔融状态后挤出堆积成型。挤出后的耗材需要冷却以防止打印的模型出现凹陷等问题。因此，一般挤出机都包括加热棒和测温元件。加热后的耗材会根据挤出电机的转动被带动并挤出。

6.4　3D打印机的组装

以Prusa i3 MK3S+打印机(图6-3)为例,详细介绍打印机组装过程。

3D打印机组装视频

图6-3　Prusa i3 MK3S+打印机

6.4.1　Y轴组装

3D打印机 *Y*轴组装后的结构如图6-4所示。

3D打印机组装视频 Step 1

图6-4　*Y*轴

1. *YZ*轴框架安装

(1)如图6-5所示,安装 *YZ*轴框架的挤压件,包括较长的挤压件和较短的挤压件。

图6-5　*YZ*轴框架挤压件安装

（2）安装Y轴前板，如图6-6所示。

图6-6　Y轴前板

（3）安装Y轴PSU及后板，如图6-7所示。

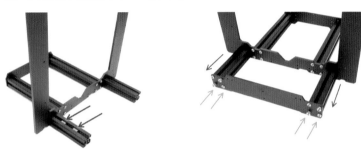

图6-7　PSU及后板安装

2. 安装防震脚

安装防震脚如图6-8所示。

图6-8　防震脚安装

3. 准备Y型皮带惰轮

拿起Y型皮带惰轮托辊，并从顶部插入两个M3n螺母。将托辊转到另一侧，并插入M3nN尼龙螺母。将准备好的轴承插入Y型皮带托辊中，如图6-9所示。

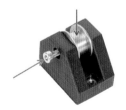

图6-9　Y型皮带惰轮准备

4. 安装 Y 型皮带惰轮

如图6-10所示,安装Y型皮带惰轮。

图6-10　安装Y型皮带惰轮

5. Y 轴电机和电机支架安装

如图6-11所示,将Y轴电机和电机支架连接好。

图6-11　Y轴电机和电机支架

如图6-12所示,安装Y轴电机支架。

图6-12 安装Y轴电机支架

如图6-13所示,准备Y轴平台所需配件。按图6-14在Y型滑块上安装轴承,并确认轴承的正确方向。

图6-13　Y轴平台配件

3D打印机组装视频 Step 2

图6-14　轴承安装

将轴承放置到Y型托架上时,确保它们的方向如图6-15所示,轨道(球排)必须在侧面。如图6-15所示,将光杆插入Y型车架。

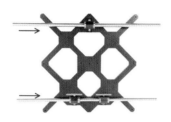

图6-15　光杆安装

如图6-16所示,安装Y型杆支架部分。

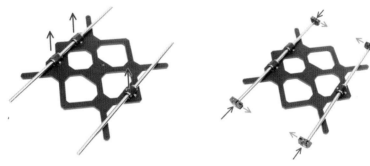

图6-16　Y型杆支架安装

如图6-17所示,安装Y型托架,确保对齐光杆。

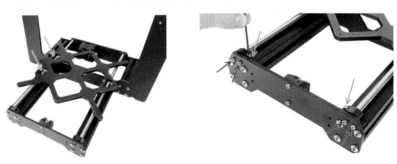

图6-17　安装Y型托架

6. 组装 Y 轴电机皮带轮

如图6-18所示，组装 Y 轴电机皮带轮。

图6-18　Y轴电机皮带轮

7. 组装皮带

如图6-19所示，对齐与张紧 Y 轴皮带，并进行安装及调试。

图6-19　组装调试皮带

通过上述步骤，可以完成 YZ 轴框架及其相关部件的安装。请确保在安装过程中遵循指示，并注意安全事项。

6.4.2　X 轴组装

3D打印机 X 轴组装后的结构如图6-20所示。

图6-20　X轴

1. X 端惰机和电机支架安装

将直线轴承插入打印部件（X 端电机和 X 端惰轮）中（图6-21）。确保每个打印部件中的第一个轴承都被推到底部。

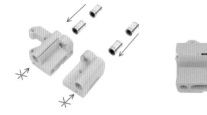

图6-21　轴承安装

　　放置第二个轴承时,确保其内球相对于第一个轴承旋转45°,以便与光滑杆实现更大的接触面积。

　　安装张紧器和轴承组件,如图6-22所示。

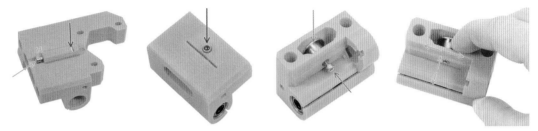

图6-22　张紧器和轴承

　　用手指轻触轴承,确保其可以自由旋转。

　　按照图6-23所示,将光杆、直线轴承、张紧器以及轴承组件安装到位,确保光杆的端部完全插入打印部件中。

图6-23　支架组装

2. 组装 X 轴电机皮带轮

　　组装X轴电机皮带轮如图6-24所示。

图6-24　组装皮带轮

3. 组装电机,完成 X 轴的组装

　　按照图6-25中箭头所指方向安装螺丝,组装电机后再完成X轴的整体组装。

图6-25　组装电机

173

6.4.3 Z轴总成

3D打印机Z轴组装后的结构如图6-26所示。

3D打印机组装视频 Step 3

图6-26   Z轴

1. Z轴组装电机支架

组装Z轴电机支架如图6-27所示。固定好螺丝,可稳固支撑电机,确保Z轴精准运行,同时可有效散热。

图6-27   Z轴电机支架

2. 放置Z轴螺丝帽

按照图6-28的指示安装螺丝帽,保证电机能自由旋转。

图6-28   螺丝帽

3. Z轴组装电机

按照图6-29中箭头的指示组装Z轴电机。

图6-29   Z轴电机组装

4. 安装 X 轴梯形螺母

按照图 6-30 所示安装 X 轴梯形螺母。

图 6-30　安装 X 轴梯形螺母

5. 组装 X 轴和 Z 轴光杆

按照图 6-31 所示组装 X 轴和 Z 轴光杆。

图 6-31　Z 轴安装

6. 放置 Z 轴顶部零件

按照图 6-32 所示放置 Z 轴顶部零件。

图 6-32　顶部零件安装

6.4.4　E 轴总成

3D 打印机 E 轴组装后的结构如图 6-33 所示。

3D 打印机组装视频 Step 4

图 6-33　挤出机

1. 挤出机机身组装

将M3nS螺母插入挤出机主体,确保螺母完全进入。

- 使用M3×10 mm螺钉固定螺母。

- 取两个M3n螺母并将它们插入图6-34中标记的1处。

- 翻转挤出机主体,将一个M3nS螺母插入零件中,如图6-34中标记的2处箭头位置所示。

- 取出较小的磁铁(10 mm×6 mm×2 mm)并将其小心地插入FS杆中,大部分磁铁将隐藏在打印部分内,如图6-34中3处箭头位置所示。

图6-34　挤出机机身

2. FS杆组件

将FS杆插入主体,如图6-35中标记的1处箭头位置所示。

- 用M3×18 mm螺钉固定零件,如图6-35中标记的2处箭头位置所示。拧紧它,但要确保杠杆可以自由移动。

- 将较大的磁铁(20 mm×6 mm×2 mm)插入挤出机主体,如图标记的3处箭头位置所示。

注意

- 不正确的设置会导致磁铁相互吸引,杠杆被拉到左边。

- 正确设置时,磁铁相互排斥,杠杆被推到右侧。

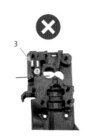

图6-35　FS杆安装

3. 钢球组装

如图6-36所示,取出打印部分适配器并将钢球插入。

- 滚动钢球以确保其平稳移动。

如果表面有任何粗糙痕迹,请取出钢球并清洁打印部分的内部。

• 将打印机部件与钢球一起放入挤出机主体中,确保打印部分上的圆形突出部分适合挤出机主体的凹槽,且两个部分的表面应几乎对齐。

图6-36　钢球

4. Bondtech齿轮总成

按照图6-37、图6-38所示安装Bondtech齿轮。

图6-37　Bondtech齿轮

图6-38　齿轮校准

5. 热端组装

按照图6-39所示安装热端。

图6-39　挤出机热端

6. 挤出机组装

如图6-40所示,将带有热端的挤出机主体放在盒子上,并确保电缆在左侧并指向下方。

• 将手指暂时放在较长的磁铁上,然后将挤出机电机组件放在挤出机主体上。

Bondtech齿轮可能会在组装时将磁铁拉出。

注意

- 确保两个部分对齐。

- 将挤出机盖放在挤出机主体上,确保所有三个部分都正确对齐。

- 插入两个M3×40 mm螺钉,它们应比整个组件的厚度稍长(2~3 mm)

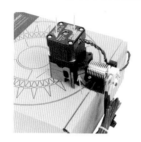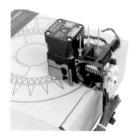

图6-40　挤出机组装

将带有热端的挤出机主体放在盒子上,并确保电缆在左侧并指向下方。

- 将手指暂时放在较长的磁铁上,然后将挤出机电机组件放在挤出机主体上。Bondtech齿轮可能会在将零件组装在一起时将磁铁拉出。

- 确保两个部分对齐。

- 将挤出机盖放在挤出机主体上。同样,确保所有三个部分都正确对齐。

- 插入两个M3×40 mm螺钉,它们比整个组件的厚度稍长(2~3 mm)。

7. X-carriage 组装

如图6-41所示,取两个M3n螺母并使用钳子(或螺钉)将它们推入X托架,然后使用另一侧的螺钉将它们完全拉入。卸下螺丝

图6-41　X-carriage

取出所有四个M3nS螺母并将它们插入,使用内六角扳手确保正确对齐。

8. 组装红外传感器电缆

按照图6-42所示组装红外传感器电缆。注意连接器和X托架之间的距离约为15 mm。

图 6-42　红外传感器电缆

9. 组装 X-carriage

将电机电缆按图 6-43 所示方向放置好。

图 6-43　电机电缆放置

如图 6-44 所示,抓住 X 托架并将其放在挤出机组件的背面。

图 6-44　安装 X 托架

确保电机电缆遵循挤出机主体和 X 托架中的通道。

在 X 托架中,电机电缆将遵循 IR 传感器电缆的路径。使用 M3×10 mm 螺钉和带球头的内六角扳手将两个部件连接在一起,不要完全拧紧螺丝,以便后期调整红外传感器电缆。

10. 红外传感器组件

如图 6-45 所示,用螺钉将红外传感器组件固定。

图 6-45　固定红外传感器

用螺钉将X托架和挤出机组件进行固定,按照图6-46所示安装到位。。

图6-46 固定 X托架

11. Hotend 风扇线及电机电缆调整

将电机电缆按图6-47中标记的1处箭头放置到通道中,方便风扇安装。

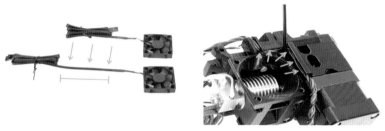

图6-47 电机电缆调整

12. Hotend 风扇组件

如图6-48所示,将 Hotend 风扇组件放置到热端上方,将电缆完全放置到侧面通道中,并用三个螺钉将风扇组件固定在挤出机上。

图6-48 Hotend 风扇组件安装

13. 轴承组装

如图6-49所示,将两个轴承插入皮带轮。

图6-49 皮带轮

14. 挤出机-托辊组件安装

取出M3n螺母并将其放入挤出机惰轮中。

如图6-50所示，将皮带轮插入惰轮，将轴滑过惰轮和皮带轮。将手指放在轴承上并确保它可以自由旋转。

图6-50　托辊组件

15. 灯丝对齐检查

检查对齐情况。如果没有对齐，可调整位置直至对齐为止，如图6-51所示。

图6-51　对齐检查

16. 挤出机-托辊安装

按照图6-52所示安装挤出机-托辊。

图6-52　托辊安装

17. 安装FS-cover组件

按照图6-53所示安装FS-cover组件。

图6-53　FS-cover组件

18. 预张紧挤出机-托辊

按照图6-54所示预张紧挤出机-托辊。

图6-54   托辊预张紧

19. 打印机风扇组件安装

如图6-55所示,先安装风扇支架及风扇罩,然后将风扇滑入风扇罩并确保其正确对齐。使用M3×20 mm螺钉将风扇固定到位。转动挤出机并插入M3n螺母,从打印风扇的另一侧安装剩余的M3×20 mm螺钉并将其拧紧。

图6-55   打印机风扇组件安装

20. SuperPINDA传感器组件

将SuperPINDA传感器(图6-56)插入支架中,稍微拧紧螺钉。在来自传感器的电缆上创建一个回路,将电缆与风扇电缆一起推入通道中。

图6-56   SuperPINDA传感器

21. 挤出机准备和安装

如图6-57所示,将束线带插入X-carriage中。

• 将X轴从顶部降低约1/3。

• 如图6-57所示,转动打印机,使X轴电机和较短的挤压件朝向您,与图片类似地对齐轴承。

• 转动三个轴承,使标记朝向安装者。

• 将挤出机从另一侧放在轴承上,确保X托架中的轴承开口面向安装者(连同框架上较短的突出部分),并且顶部轴承完全适合凹槽。

• 收紧并剪断拉链。

图6-57　挤出机安装

22. 挤出机通道电缆管理(图6-58)

图6-58　电缆管理

23. *X*轴皮带总成

如图6-59所示,将X轴皮带的扁平部分插入X托架,引导X轴皮带穿过X端惰轮,围绕623h轴承与外壳和背面。继续使用传送带穿过X托架,引导X轴皮带穿过X端电机,绕GT2-16皮带轮并返回。在继续引导皮带穿过X轴之前,请松开X端的两个M3螺钉,直到它们与电机分离,确保电机可以自由移动到两侧。

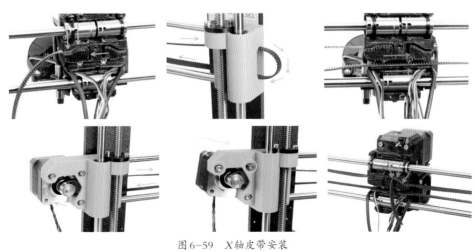

图6-59　X轴皮带安装

如图6-59所示,朝框架旋转X轴电机,将X-GT2皮带的扁平部分插入X托架。

24. X轴皮带调整

（1）张紧X轴皮带

如图6-60所示,用右手将电机旋转到其原始位置并握住它（张力施加到皮带上）。用左手的两根手指将皮带推到一起,调整皮带数量以确保正确的张力。完成后,将电机旋转到原始位置并再次拧紧M3螺钉。

图6-60 张紧X轴皮带

（2）对齐及修整X轴皮带

如图6-61所示,皮带的顶部和底部应平行。剪去皮带多余部分进行修整。

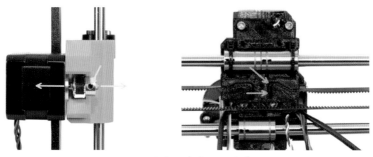

图6-61 对齐及修整X轴皮带

- 要调整皮带位置,松开皮带轮上的螺钉并稍微移动它,直到达到最佳位置。
- 拧紧皮带轮上的两颗螺钉。

25. 尼龙导轨组件

如图6-62所示,在孔洞处插入尼龙。

图6-62 尼龙导轨组件

26. X-carriage-bake组装

如图6-63所示,安装电缆支架,并组装X-carriage-bake。

图6-63 X-carriage-bake组装

27. 安装X-carriage-bake

如图6-64所示,将电缆从挤出机推过X托架,包括红外传感器电缆、挤出机电机和热端风扇电缆、打印风扇和SuperPINDA传感器电缆(注意:hotend的电缆不会通过X-carriage-back)。

图6-64 X-carriage-bake电缆安装

28. X-carriage-bake安装

按照图6-65所示安装X-carriage-bake。

图6-65 X-carriage-bake安装

29. 拧紧纺织套管

如图6-66所示,打开纺织套管的一端并将其滑到从挤出机引出的电缆束上。图6-66中1处箭头表示暂时离开热端的电缆。

第一圈的长度应比电缆支架部分稍长,大约5 cm即可。轻轻扭动套管使其在电缆周围更小更紧,将套管接缝朝下,然后将套管滑向挤出机。取3条束线带并将它们插入电缆支架上的下排孔中,再次扭动套管(不要扭动内部的电缆)并拉紧扎带。

图6-66   纺织套管

30. 引导热端热敏电阻电缆

按照图6-67所示引导热端热敏电阻电缆。

图6-67   热端热敏电阻电缆

31. 拧紧热端电缆

如图6-68所示,使用两条束线带将它们穿过电缆支架上的插槽。在拧紧扎带之前,请从热端添加电缆并使用打印部分中的通道正确排列它们。包括热端电缆后,拧紧扎带并切割剩余部分。打开纺织套管并从热端插入电缆。

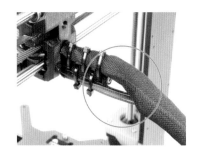

图6-68   拧紧热端电缆

6.4.5   液晶显示器组装

3D打印机的液晶显示器组装后如图6-69所示。

1. 检查LCD电缆

按照图6-70所示检查LCD电缆插入的位置是否准确。

3D打印机组装视频 Step 5

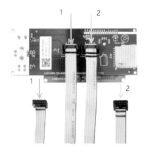

图6-69   液晶显示器组件   图6-70   LCD电缆

2. 组装LCD支架和盖板

按照图6-71所示组装LCD支架和盖板。

图6-71　组装LCD支架和盖板

3. 固定LCD控制器

按照图6-72所示固定LCD控制器。

4. 准备装配支架

将四个M3nS螺母放入准备好的插槽中，插入到位，如图6-73所示。

图6-72　固定LCD控制器　　　　　　　图6-73　准备支架

将LCD显示器安装到打印机上，如图6-74所示。

图6-74　安装LCD显示器

5. 组装LCD旋钮

按照图6-75所示组装LCD旋钮。

图6-75　组装LCD旋钮

6.4.6　加热床和PSU组件

3D打印机的加热床和PSU组件安装后如图6-76所示。

图6-76　加热床和PSU组件

1. 加热床电缆组件安装

如图6-77所示,黑线必须连接到" GND ",红线必须连接到" VCC "。

图6-77　加热床电缆安装

2. 安装加热床电缆盖

按照图6-78所示安装加热床电缆盖。

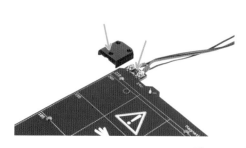 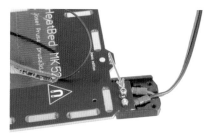

图6-78　安装电缆盖

电缆按图6-79所示放置好,并缠绕加热床电缆。

图6-79　电缆放置

将套管固定到位(图6-80)。

3. 安装加热床

按照图6-81所示安装加热床。

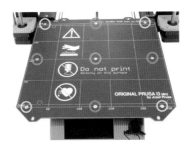

图6-80　安装套管　　　　　　　　　图6-81　安装加热床

4. 安装PSU

按照图6-82所示安装PSU。

图6-82　PSU安装

6.4.7　电子板块组装

3D打印机的电子板块组装后如图6-83所示。

图6-83　3D打印机电子板块

1. 准备Einsy门

Einsy门如图6-84所示。

图6-84　Einsy门

2. 准备下铰链

Einsy门下铰链的安装位置如图6-85所示。

 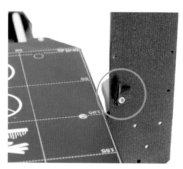

图6-85　Einsy门下铰链

3. Einsy门总成

按照图6-86所示安装Einsy门。

图6-86　安装Einsy门

4. 缠绕 X 轴电缆

缠绕 X 轴电缆如图6-87所示。

图6-87　X轴电缆

5. 安装 Einsy-base

（1）将 M3×10 mm 螺钉插入孔中并稍微拧紧，拧3~4圈就可以，如图6-88所示。

图6-88　螺钉准备

（2）在将底座安装到框架上之前，先从 X 轴电机[见图6-89(a)中标记的1处]上取下电缆，并将其插入 EINSY，操作过程如图6-89所示。

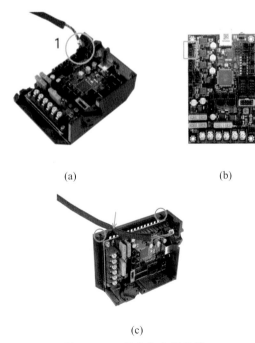

(a)　　　　　　　　　　　　　(b)

(c)

图6-89　X轴电机电缆插接

（3）将Einsy底座滑动到准备好的M3×10 mm螺钉上，并将其与Z轴框架的边缘对齐。使用2.5 mm内六角扳手拧紧两颗螺钉，具体操作如图6-90(b)(c)所示。

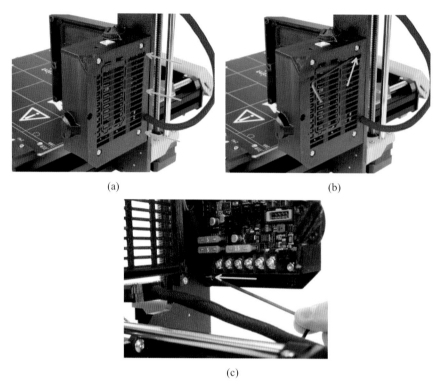

图6-90   Einsy底座安装

6. 电缆管理

（1）从Z轴电机（右侧）开始。

如图6-91所示，将束线带穿过框架中的圆孔，形成一个环。

将电缆轻轻推入束线带中并拧紧，使其紧贴并固定住电线。

图6-91   电缆管理1

（2）继续向上，并使用另一个束线带创建下一个循环。插入Z轴电缆和PSU的所有电缆，确保所有电缆都在光滑的杆下方，并且不会干扰Y形托架。将电缆轻轻推入束线带中并拧紧，使其紧贴并固定住电线，如图6-92所示。

图6-92　电缆管理2

（3）继续向上，并使用另一个束线带创建下一个循环。将Y轴电机电缆插入线束，将电缆轻轻推入束线带中并拧紧，使其紧贴并固定住电线，如图6-93所示。

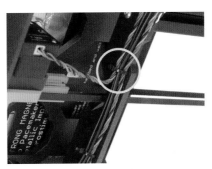

图6-93　电缆管理3

（4）拿起LCD电缆，轻轻地将它们推入铝挤压件中。保持一些松弛，不要过度拉伸电缆。使用挤出的整个长度，并将电缆束向下弯曲。小心地折叠框架周围的LCD电缆，如图6-94所示。

图6-94　电缆管理4

（5）继续向上，并使用另一个束线带创建下一个循环。拿起电缆束并将其放在LCD电缆上。将电缆（不包括LCD电缆）轻轻推入束线带并拧紧，如图6-95所示。

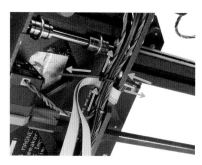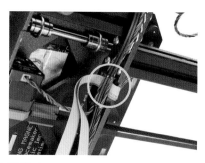

图6-95　电缆管理5

（6）将束线带穿过框架中的圆孔，形成一个环。将LCD电缆放入扎带中，插入Z轴左侧电机电缆和线束中的所有电缆，如图6-96所示。

图6-96　电缆管理6

（7）将电缆轻轻推入束线带中，再拉紧束线带，如图6-97所示。

图6-97　电缆管理7

7. 连接加热床电缆束

将包含纺织套管的加热床电缆束插入Einsy底座。确保套筒在支架内,如图6-98所示。使用加热床电缆夹和两个M3×10 mm螺钉将电缆束固定到位。

图6-98　连接加热床电缆束

8. PSU和HB电源线

如图6-99所示,按以下顺序将PSU和HEATBED的电线连接到EINSY板(第二张图下方箭头表示正插槽),电缆插头放置方向如图6-100所示:

PSU的第一根电缆(A+|A-)。

PSU的第二根电缆(B+|B-)。

来自加热床的电缆(C+|C-)。

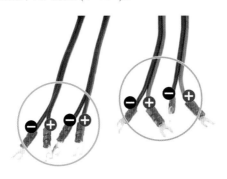

图6-99　电缆

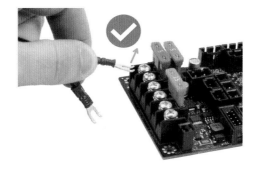

图6-100　电缆插头放置方向

如图6-101所示：

从PSU中取出第一根电缆并将这对电线连接到EINSY板上。

从PSU中取出第二根电缆并将这对电线连接到EINSY板上。

最后一对电线来自加热床。将它们连接到最后两个插槽。

图6-101　电缆连接

9. 电缆管理

合并从打印机下方连接到电子设备的所有电缆。沿着该电缆束后面的框架引导LCD电缆，如图6-102所示。将所有电缆系在一起。

图6-102　电缆管理

10. 连接挤出机电缆束

如图6-103所示，将尼龙灯丝滑入孔中。确保灯丝没有推入X轴电机电缆，将套筒滑入支架至少3/4的支架高度。同样，确保灯丝没有推动电机电缆，使用挤出机电缆夹和两个M3×10 mm螺钉将电缆束固定到位。

图6-103　连接挤出机电缆束

11. 连接LCD电缆

如图6-104所示引导两条LCD电缆。将电缆推到尼龙细丝后面。拿起LCD电缆并查看两条电缆上的标记。将带有两条条纹的LCD电缆连接到左侧连接器(P2),将带1条纹的LCD电缆连接到右侧连接器(P1)。

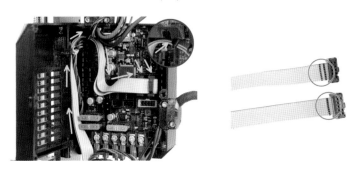

图6-104　连接LCD电缆

12. 连接电机电缆

如图6-105所示,X轴电机已连接。

连接 Y 轴电机电缆(标记为 Y)并用电缆制作一个回路,如图所示1处箭头。连接两个 Z 轴电机(标记为 Z)。顺序无关紧要。用电缆制作类似的环,如图所示2处。

连接挤出机电机电缆(标记为 E),如图6-105所示3处箭头。如图3处箭头所示引导 Power Panic 电缆并插入右下角的连接器。

图6-105　连接电机电缆

13. Hotend 电缆管理

(1)如图6-106a所示,将红外灯丝传感器电缆连接到连接器的下排(1处深蓝色箭头)。

将打印风扇电缆连接到连接器(2处粉色箭头)。

将热端热敏电阻连接到连接器(3处绿色箭头)。

沿着 Einsy 底座盒的侧面引导所有这些电缆(4处黄色箭头)。

沿着侧面引导 SuperPINDA 传感器电缆并将其连接到 Einsy 板(5处天蓝色箭头)。

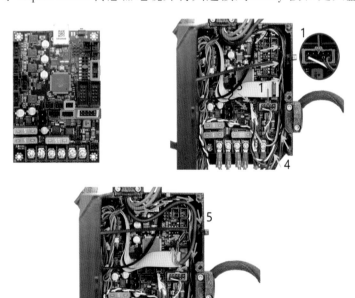

图6-106a　Hotend 电缆管理1

（2）如图6-106b所示将加热床热敏电阻电缆（标记为 H）连接到 Einsy 板（1处绿色箭头）。

将热端加热器电缆连接到 Einsy 板。如图天蓝色箭头所示引导电缆。

用较低的束线带轻轻系住电缆束。

将热端风扇电缆连接到 Einsy（2处深蓝色箭头）。

图6-106b　Hotend 电缆管理2

14. 安装单线轴支架

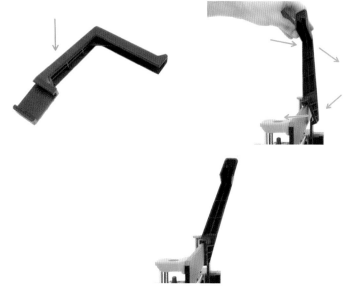

图6-107　单线轴支架

组装完成，如图6-107所示。

参考文献

[1] 邝治全.FDM 3D打印技术在机械设计基础课程中的应用——以平面连杆机构单元为例[J].广东职业技术教育与研究,2019(2):107–110.

[2] 张涛.浅谈3D打印技术在机械制造领域的应用研究[J].内燃机与配件,2019(5):204–205.

[3] 卢宝胜,程东霞.3D打印砂芯技术在铸件开发中的应用[J].铸造技术,2021,42(12):1026–1029,1037.

[4] 田学智,常涛,杨军.桁架机器人在3D打印砂芯生产中的应用[J].现代铸铁,2021,41(6):62–64.

[5] 董谢平,裴国献.3D打印技术在骨科临床的应用与展望[J].陆军军医大学学报,2022,44(15):1501–1507.

[6] 于忠斌,张中标,尹婷婷,等.金属3D打印技术概述[J].机械管理开发,2022,37(1):266–268.

[7] 李文竹,张勇,李策.3D打印技术的研究现状与发展趋势综述[J].数码世界,2020(5):6.

[8] 邹瞿超,金锦江,黄天海,等.3D打印技术在医疗领域的研究进展[J].中国医疗器械杂志,2019,43(4):279–281,293.

[9] 汤海波,吴宇,张述泉,等.高性能大型金属构件激光增材制造技术研究现状与发展趋势[J].精密成型工程,2019,11(4):58–63.

[10] 甄珍,王健,奚廷斐,等.3D打印钛金属骨科植入物应用现状[J].中国生物医学工程学报,2019,38(2):240–251.

[11] 陈继民,王颖,曹玄扬,等.选区激光熔融技术制备多孔支架及其单元结构的拓扑优化[J].北京工业大学学报,2017,43(4):489–495.

[12] Zhongwei Guo, Lina Dong, Jingjing Xia, Shengli Mi, and Wei Sun*. 3D Printing Unique Nanoclay–Incorporated Double–Network Hydrogelsfor Construction of Complex Tissue Engineering Scaffolds. Advanced HealthcareMaterials. 2021, 2100036.

[13] Jinhua Li, Martin Pumera. 3D printing of functional microrobots. Chemical Society Reviews 2021, 50 (4): 2794–2838.

[14] 邱望洁,李昊阳.3D打印技术在教育行业的应用发展前景研究[J].中国教育信息化(高教职教),2017(3):11–14.

[15] 高尧,屠泽洋,李勇.PLA/石墨烯复合材料3D打印工艺与性能[J].塑料,2022,51(2):141–145.

[16] 徐冬梅,张琳,刘洋.3D打印聚乳酸改性材料制备及性能[J].工程塑料应用,2021,49(11):68–71.

[17] 陈晓明,陆承麟,龚明,等.超大尺度高分子复合材料3D打印技术研发与应用[J].施工

技术,2021,50(21):41-45,63.

[18]　王延庆,沈竞兴,吴海全.3D打印材料应用和研究现状[J].航空材料学报,2016,36(4):
　　　　89-98.

[19]　杜宇雷,孙菲菲,原光,等.3D打印材料的发展现状[J].徐州工程学院学报(自然科学版),
　　　　2014,29(1):20-24.

[20]　俞春红.高分子3D打印材料和打印工艺的探讨[J].科技创新与应用,2020(26):104-105.

[21]　李乃军.　3D打印材料的研究进展[D].延吉:延边大学,2014.

[22]　单忠德,杨立宁,刘丰,等.金属材料喷射沉积3D打印工艺[J].中南大学学报(自然科学
　　　　版),2016,47(11):3642-3647.

[23]　马晓坤,张慧冬,马伯乐,等.3D打印用碳纤维/ABS复合材料的制备[J].化工新型材料,
　　　　2019,47(9):229-231.

[24]　高琛,黄孙祥,陈雷,等.液滴喷射技术的应用进展[J].无机材料学报,2004,19(4):714-
　　　　722.

[25]　卢秉恒,李涤尘.增材制造(3D打印)技术发展[J].机械制造与自动化,2013,42(4):1-4.

[26]　陈石,王辉,沈胜强,等.液滴振荡模型及与数值模拟的对比[J].物理学报,2013,62(20):
　　　　1-6.

[27]　高翔宇,杨伟东,王媛媛,等.微滴喷射工艺参数与液滴形态关系的数值模拟[J].机械科
　　　　学与技术,2021,40(3):475-480.

[28]　袁楠,高伟,侯聪毅.三维激光扫描技术在文物保护中的应用研究与进展[J].天津城建
　　　　大学学报,2019,25(1):65-70.

[29]　吴文征,孙慧超,郭金雨.新工科下的"3D打印技术"课程科-教结合教学模式与方法改
　　　　革[J].科教导刊,2020(20):131-132.

[30]　李青,王青.3D打印:一种新兴的学习技术[J].远程教育杂志,2013(4):29-35.

[31]　郭继周,邓启文.我国3D打印技术发展现状及环境分析[J].国防科技,2015,36(3):
　　　　35-39.

[32]　高志凯.逆向工程和3D打印技术在工业设计中的应用[J].设备管理与维修,2021(20):
　　　　100-102.

[33]　邓文强,郭润兰,李典伦,等.基于熵值法和灰色关联的FDM 3D打印机喷嘴结构优化
　　　　设计[J].塑料工业,2020,48(11):60-65.

[34]　金洁,尤子峰,李铭,等.LCD光固化3D打印机的改造与研究[J].安徽电气工程职业技
　　　　术学院学报,2019,24(2):81-87.

[35]　黄森俊,伍海东,黄容基,等.陶瓷增材制造(3D打印)技术研究进展[J].现代技术陶瓷,
　　　　2017,38(4):248-266.

[36]　林宇.基于FDM彩色3D打印机丝料自动更换装置设计与研究[D].湖南:南华大学,2017.

[37]　钱崇伟.熔融沉积3D打印机螺杆式挤出装置的设计及耗材制备与性能研究[D].兰州

交通大学,2022.

[38] 陈继民.3D打印技术概论[M].北京:化学工业出版社,2020.

[39] 姚一鸣.Rhino 7完全自学教程[M].北京:人民邮电出版社,2022.

[40] CAD/CAM/CAE技术联盟.SolidWorks产品造型及3D打印实现[M].北京:清华大学出版社,2018.

[41] 陈启成.3D打印建模Autodesk 123D Design详解与实战[M].北京:机械工业出版社,2015.

[42] (美)柯兰尼·科克·豪斯曼.我的第一本3D打印书[M].北京:人民邮电大学出版社,2016.

[43] 黄文恺,朱静.3D建模与3D打印技术应用[M].广州:广东教育出版社,2016.

[44] CAD/CAM/CAE技术联盟.Pro/ENGINEER产品造型及3D打印实现[M].北京:清华大学出版社,2018.

[45] 杨熊炎,苏凤秀.Rhino产品数字化设计与3D打印实践[M].西安:西安电子科技大学出版社,2017.

[46] 戴庆辉,等.先进制造系统[M].第2版.北京:机械工业出版社,2019.

[47] (英)Chrisopher Barnatt,赵俐译.3D打印:正在到来的工业革命[M].北京:人民邮电出版社,2016.

[48] 陈启成.3D打印建模:Autodesk Meshmixer实用基础教程[M].北京:机械工业出版社,2016.

[49] (美)Anna Kaziunas France,张天雷.3D打印从入门到精通:彩色图解版[M].北京:人民邮电出版社,2016.

[50] CAD/CAM/CAE技术联盟.UG产品造型及3D打印实现[M].北京:清华大学出版社,2018.